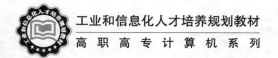

工业和信息化人才培养规划教材

高职高专计算机系列

Photoshop+CorelDRAW

平面设计

实例教程

（第3版）

U0351042

◎ 蔡明 王艳丽 主编

◎ 远海静 陈茹 黄荫涛 副主编

人民邮电出版社

北　京

图书在版编目（CIP）数据

Photoshop+CorelDRAW平面设计实例教程 / 蔡明，王艳丽主编. —— 3版. —— 北京 ：人民邮电出版社，2015.7（2020.1重印）
工业和信息化人才培养规划教材. 高职高专计算机系列
ISBN 978-7-115-38625-0

Ⅰ. ①P… Ⅱ. ①蔡… ②王… Ⅲ. ①平面设计—图象处理软件—高等职业教育—教材 Ⅳ. ①TP391.41

中国版本图书馆CIP数据核字(2015)第038617号

内 容 提 要

Photoshop 和 CorelDRAW 是当今流行的图像处理和矢量图形设计软件，被广泛应用于平面设计、包装装潢、彩色出版等诸多领域。

本书共分为 11 章，分别详细讲解了平面设计的基础知识、标志设计、卡片设计、书籍装帧设计、唱片封面设计、室内平面图设计、宣传单设计、广告设计、海报设计、杂志设计、包装设计等内容。

本书根据高职院校教师和学生的实际需求，以平面设计的典型应用为主线，通过多个精彩实用的案例，全面细致地讲解如何利用 Photoshop 和 CorelDRAW 来完成专业的平面设计项目。使学生能够在掌握软件功能和制作技巧的基础上，启发设计灵感，开拓设计思路，提高设计能力。

本书适合作为高等职业院校"数字媒体艺术"专业课程的教材，也可以供 Photoshop 和 CorelDRAW 的初学者及有一定平面设计经验的读者阅读，同时适合培训班选作 Photoshop 和 CorelDRAW 平面设计课程的教材。

◆ 主　　编　蔡　明　王艳丽
　　副 主 编　远海静　陈　茹　黄荫涛
　　责任编辑　桑　珊
　　责任印制　杨林杰

◆ 人民邮电出版社出版发行　　北京市丰台区成寿寺路 11 号
　　邮编　100164　电子邮件　315@ptpress.com.cn
　　网址　http://www.ptpress.com.cn
　　涿州市京南印刷厂印刷

◆ 开本：787×1092　1/16
　　印张：15.25　　　　　　　　2015 年 7 月第 3 版
　　字数：400 千字　　　　　　 2020 年 1 月河北第 7 次印刷

定价：42.00 元（附光盘）

读者服务热线：(010)81055256　印装质量热线：(010)81055316
反盗版热线：(010)81055315
广告经营许可证：京东工商广登字 20170147 号

前 言 PREFACE

Photoshop 和 CorelDRAW 自推出之日起就深受平面设计人员的喜爱，是当今流行的图像处理和矢量图形设计软件。Photoshop 和 CorelDRAW 被广泛应用于平面设计、包装装潢、彩色出版等诸多领域。在实际的平面设计和制作工作中，是很少用单一软件来完成工作的，要想出色地完成一件平面设计作品，须利用不同软件各自的优势，再将其巧妙地结合使用。

本书根据高职院校教师和学生的实际需求，以平面设计的典型应用为主线，通过多个精彩实用的案例，全面细致地讲解如何利用 Photoshop 和 CorelDRAW 来完成专业的平面设计项目。

本书基于来自专业平面设计公司的商业案例，详细地讲解了运用 Photoshop 和 CorelDRAW 制作这些案例的流程和技法，并在此过程中融入了实践经验以及相关知识，努力做到操作步骤清晰准确，使学生能够在掌握软件功能和制作技巧的基础上，启发设计灵感，开拓设计思路，提高设计能力。

本书配套光盘中包含了书中所有案例的素材及效果文件。另外，为方便教师教学，本书配备了详尽的课后习题操作步骤以及 PPT 课件、教学大纲等丰富的教学资源，任课教师可到人民邮电出版社教学服务与资源网（www.ptpedu.com.cn）免费下载使用。本书的参考学时为52 学时，其中实训环节为 20 学时，各章的参考学时参见下面的学时分配表。

章 节	课 程 内 容	学 时 分 配	
		讲 授	实 训
第 1 章	平面设计基础知识	2	
第 2 章	标志设计	2	2
第 3 章	卡片设计	3	2
第 4 章	书籍装帧设计	3	2
第 5 章	唱片封面设计	3	2
第 6 章	室内平面图设计	3	2
第 7 章	宣传单设计	3	2
第 8 章	广告设计	3	2
第 9 章	海报设计	3	2
第 10 章	杂志设计	3	2
第 11 章	包装设计	4	2
课 时 总 计		32	20

本书由武汉信息传播职业技术学院蔡明、商丘工学院王艳丽担任主编，河北传媒学院远海静、南京信息职业技术学院陈茹、徽州师范学校黄荫涛担任副主编，参与本书编写和制作的人员还有周建国、葛润平、张文达、张丽丽、张旭、吕娜、李悦、崔桂青、尹国勤、张岩、王丽丹、王攀、陈东生、周亚宁、贾楠、程磊等。

由于水平有限，书中难免存在错误和不妥之处，敬请广大读者批评指正。

编 者

2014 年 12 月

Photoshop+CorelDRAW 教学辅助资源及配套教辅

素材类型	名称或数量	素材类型	名称或数量
教学大纲	1 套	课堂实例	14 个
电子教案	11 单元	课后实例	10 个
PPT 课件	11 个	课后答案	10 个
第 2 章 标志设计	祥云科技标志设计	第 8 章 广告设计	戒指宣传单设计
第 2 章 标志设计	晨东百货标志设计	第 8 章 广告设计	房地产广告设计
第 3 章 卡片设计	圣诞贺卡正面设计	第 8 章 广告设计	汽车广告设计
第 3 章 卡片设计	圣诞贺卡背面设计	第 9 章 海报设计	茶艺海报设计
第 3 章 卡片设计	新年贺卡设计	第 9 章 海报设计	儿童学习海报设计
第 4 章 书籍装帧设计	古都北京书籍封面设计	第 10 章 杂志设计	杂志封面设计
第 4 章 书籍装帧设计	中国古玉鉴别书籍封面设计	第 10 章 杂志设计	杂志栏目设计
第 5 章 唱片封面设计	音乐 CD 封面设计	第 10 章 杂志设计	饮食栏目设计
第 5 章 唱片封面设计	情感音乐唱片封面设计	第 10 章 杂志设计	化妆品栏目设计
第 6 章 室内平面图设计	室内平面图设计	第 10 章 杂志设计	数码栏目设计
第 6 章 室内平面图设计	天源室内平面图设计	第 11 章 包装设计	酒盒包装设计
第 7 章 宣传单设计	液晶电视宣传单设计	第 11 章 包装设计	口香糖包装设计

目 录 CONTENTS

PART 1

第 1 章
平面设计基础知识

本章介绍

　　本章主要介绍了平面设计的基础知识，其中包括位图和矢量图、分辨率、图像的色彩模式和文件格式、页面设置和图片大小、出血、文字转换、印前检查和小样等内容。通过本章的学习，学生可以快速掌握平面设计的基本概念和基础知识，有助于更好地开始平面设计的学习和实践。

学习目标

- 了解位图、矢量图和分辨率。
- 掌握图像的色彩模式。
- 掌握常用的图像文件格式。
- 掌握页面设置的方法。
- 掌握改变图片大小的技巧。
- 掌握出血的设置技巧。
- 掌握文字转换的方法。
- 了解印前检查和打印小样的方法。

1.1 位图与矢量图

图像文件可以分为两大类：位图图像和矢量图形。在绘图或处理图像过程中，这两种类型的图像可以相互交叉使用。

1.1.1 位图与矢量图

位图图像也称为点阵图像，它是由许多单独的小方块组成的。这些小方块又称为像素点，每个像素点都有特定的位置和颜色值，不同排列和着色的像素点组成了一幅色彩丰富的图像。位图图像的显示效果与像素点是紧密联系在一起的，像素点越多，图像的分辨率越高，相应地，图像的文件量也会随之增大。

图像的原始效果如图 1-1 所示，使用放大工具放大后，可以清晰地看到像素的小方块形状与不同的颜色，效果如图 1-2 所示。

图 1-1   图 1-2

位图与分辨率有关，如果在屏幕上以较大的倍数放大显示图像，或以低于创建时的分辨率打印图像，图像就会出现锯齿状的边缘，并且会丢失细节。

1.1.2 矢量图

矢量图也称为向量图，它是一种基于图形的几何特性来描述的图像。矢量图中的各种图形元素称之为对象，每一个对象都是独立的个体，都具有大小、颜色、形状、轮廓等特性。

矢量图与分辨率无关，可以将它缩放到任意大小，其清晰度不变，也不会出现锯齿状的边缘。矢量图在任何分辨率下显示或打印，都不会损失细节。图形的原始效果如图 1-3 所示，使用放大工具放大后，其清晰度不变，效果如图 1-4 所示。

图 1-3   图 1-4

矢量图文件所占的容量较小，但这种图形的缺点是不易制作色调丰富的图像，而且绘制出来的图形无法像位图那样精确地描绘各种绚丽的景象。

1.2　分辨率

分辨率是用于描述图像文件信息的术语。分辨率分为图像分辨率、屏幕分辨率和输出分辨率。下面分别进行介绍。

1.2.1　图像分辨率

在 Photoshop CS6 中，图像中每单位长度上的像素数目称为图像的分辨率，其单位为像素/英寸或是像素/厘米。

在相同尺寸的两幅图像中，高分辨率的图像包含的像素比低分辨率的图像包含的像素多。例如，一幅尺寸为 1 英寸×1 英寸的图像，其分辨率为 72 像素/英寸，这幅图像包含 5 184 个像素（72×72＝5 184）；而同样尺寸，分辨率为 300 像素/英寸的图像包含 90 000 个像素。相同尺寸下，分辨率为 72 像素/英寸的图像效果如图 1-5 所示，分辨率为 300 像素/英寸的图像效果如图 1-6 所示。由此可见，在相同尺寸下，高分辨率的图像能更清晰地表现图像内容。

图 1-5

图 1-6

知识提示　　如果一幅图像所包含的像素是固定的，那么增加图像尺寸，就会降低图像的分辨率。

1.2.2　屏幕分辨率

屏幕分辨率是显示器上每单位长度显示的像素数目。屏幕分辨率取决于显示器的大小及其像素设置。PC 显示器的分辨率一般约为 96 像素/英寸，Mac 显示器的分辨率一般约为 72 像素/英寸。在 Photoshop CS6 中，图像像素被直接转换成显示器像素，当图像分辨率高于显示器分辨率时，屏幕中显示出的图像比实际尺寸大。

1.2.3　输出分辨率

输出分辨率是照排机或打印机等输出设备产生的每英寸的油墨点数（dpi）。打印机的分别率在 720 dpi 以上，可以使图像获得比较好的效果。

1.3　色彩模式

Photoshop 和 CorelDRAW 提供了多种色彩模式，这些色彩模式正是作品能够在屏幕和印刷品上成功表现的重要保障。在这里重点介绍几种经常使用到的色彩模式，包括 CMYK 模式、

RGB 模式、灰度模式及 Lab 模式。每种色彩模式都有不同的色域，并且各个模式之间可以相互转换。

1.3.1 CMYK 模式

CMYK 代表了印刷上用的 4 种油墨色：C 代表青色，M 代表洋红色，Y 代表黄色，K 代表黑色。CMYK 模式在印刷时应用了色彩学中的减法混合原理，即减色色彩模式，它是图片、插图和其他作品中最常用的一种印刷方式。这是因为在印刷中通常都要进行四色分色，出四色胶片，然后再进行印刷。

在 Photoshop 中，CMYK 颜色控制面板如图 1-7 所示，可以在其中设置 CMYK 颜色。在 CorelDRAW 的均匀填充对话框中选择 CMYK 色彩模式，可以设置 CMYK 颜色，如图 1-8 所示。

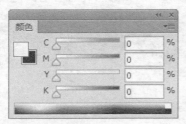

图 1-7

图 1-8

在使用 Photoshop 制作平面设计作品时，一般会把图像文件的色彩模式设置为 CMYK 模式。在使用 CorelDRAW 制作平面设计作品时，绘制的矢量图形和制作的文字都要使用 CMYK 颜色。

可以在建立一个新的 Photoshop 图像文件时就选择 CMYK 四色印刷模式，如图 1-9 所示。

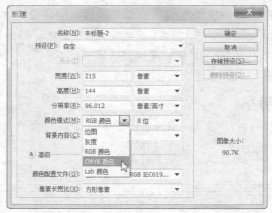

图 1-9

在建立新的 Photoshop 文件时，就选择 CMYK 四色印刷模式。这种方式的优点是防止最后的颜色失真，因为在整个作品的制作过程中，所制作的图像都在可印刷的色域中。

在制作过程中，可以选择"图像 > 模式 > CMYK 颜色"命令，将图像转换成 CMYK 四色印刷模式。但是一定要注意，在图像转换为 CMYK 四色印刷模式后，就无法再变回原来图像的 RGB 色彩了，因为 RGB 的色彩模式在转换成 CMYK 色彩模式时，色域外的颜色会变暗，这样才会使整个色彩成为可以印刷的文件。因此，在将 RGB 模式转换成 CMYK 模式之前，可以选择"视图 > 校样设置 > 工作中的 CMYK"命令，预览一下转换成 CMYK 色彩模式后的图像效果，如果不满意 CMYK 色彩模式的效果，还可以根据需要对图像进行调整。

1.3.2　RGB 模式

RGB 模式是一种加色模式，它通过红、绿、蓝 3 种色光相叠加而形成更多的颜色。RGB 是色光的彩色模式，一幅 24 位色彩范围的 RGB 图像有 3 个色彩信息通道：红色（R）、绿色（G）和蓝色（B）。在 Photoshop 中，RGB 颜色控制面板如图 1-10 所示。在 CorelDRAW 的均匀填充对话框中选择 RGB 色彩模式，可以设置 RGB 颜色，如图 1-11 所示。

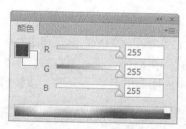

图 1-10

图 1-11

每个通道都有 8 位的色彩信息——一个 0～255 的亮度值色域，也就是说，每一种色彩都有 256 个亮度水平级。3 种色彩相叠加，可以有 256×256×256=1 670 万种可能的颜色，这 1 670 万种颜色足以表现出绚丽多彩的世界。

在 Photoshop CS6 中编辑图像时，RGB 色彩模式应是最佳的选择，因为它可以提供全屏幕的多达 24 位的色彩范围，一些计算机领域的色彩专家称之为"True Color"真彩显示。

一般在视频编辑和设计过程中，使用 RGB 模式来编辑和处理图像。

1.3.3　灰度模式

灰度模式下的灰度图又称为 8 比特深度图。每个像素用 8 个二进制数表示，能产生 2 的 8 次方，即 256 级灰色调。当一个彩色文件被转换为灰度模式文件时，所有的颜色信息都将从文件中丢失。尽管 Photoshop 允许将一个灰度文件转换为彩色模式文件，但不可能将原来的颜色完全还原。所以，当要转换灰度模式时，应先做好图像的备份。

像黑白照片一样，一个灰度模式的图像没有色相和饱和度这两种颜色信息只有明暗值，0%代表白，100%代表黑，其中的 K 值用于衡量黑色油墨用量。在 Photoshop 中，颜色控制面板如图 1-12 所示。在 CorelDRAW 中的均匀填充对话框中选择灰度色彩模式，可以设置灰度颜色，如图 1-13 所示。

1.3.4　Lab 模式

Lab 是 Photoshop 中的一种国际色彩标准模式，它由 3 个通道组成：一个通道是透明度，即 L；其他两个是色彩通道，即色相和饱和度，用 a 和 b 表示。a 通道包括的颜色值从深绿到灰，再到亮粉红色；b 通道是从亮蓝色到灰，再到焦黄色。这种色彩混合后将产生明亮的色彩。Lab 颜色控制面板如图 1-14 所示。

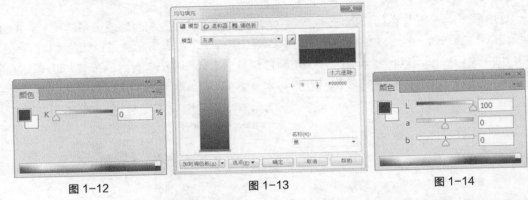

图 1-12　　　　　　　　　　图 1-13　　　　　　　　　　图 1-14

Lab 模式在理论上包括了人眼可见的所有色彩，它弥补了 CMYK 模式和 RGB 模式的不足。在这种模式下，图像的处理速度比在 CMYK 模式下快数倍，与在 RGB 模式下的速度相仿。此外，在把 Lab 模式转换成 CMYK 模式的过程中，所有的色彩不会丢失或被替换。

知识提示　　在 Photoshop 中将 RGB 模式转换成 CMYK 模式时，可以先将 RGB 模式转换成 Lab 模式，然后再从 Lab 模式转成 CMYK 模式。这样会减少图片的颜色损失。

1.4　文件格式

当平面设计作品制作完成后就要进行存储，这时，选择一种合适的文件格式就显得十分重要。在 Photoshop 和 CorelDRAW 中有 20 多种文件格式可供选择。在这些文件格式中，既有 Photoshop 和 CorelDRAW 的专用格式，也有用于应用程序交换的文件格式，还有一些比较特殊的格式。下面重点介绍几种平面设计中常用的文件存储格式。

1.4.1　TIF 格式

TIF 也称 TIFF，是标签图像格式。TIF 格式对于色彩通道图像来说具有很强的可移植性，它可以用于 PC、Macintosh 和 UNIX 工作站三大平台，是这三大平台上使用最广泛的绘图格式。用 TIF（TIFF）格式存储时应考虑到文件的大小，因为 TIF 格式的结构要比其他格式更大更复杂。但 TIF 格式支持 24 个通道，能存储多于 4 个通道的文件。TIF 格式还允许使用 Photoshop 中的复杂工具和滤镜特效。

 知识提示　　　TIF 格式非常适合于印刷和输出。在 Photoshop 中编辑处理完成的图片文件一般都会存储为 TIF 格式，然后导入 CorelDRAW 的平面设计文件中再进行编辑处理。

1.4.2　CDR 格式

CDR 格式是 CorelDRAW 的专用图形文件格式。由于 CorelDRAW 是矢量图形绘制软件，因此 CDR 可以记录文件的属性、位置、分页等。但它在兼容度上比较差，在所有 CorelDRAW 应用程序中均能够使用，而在其他图像编辑软件却无法打开此类文件。

1.4.3　PSD 格式

PSD 格式是 Photoshop 软件自身的专用文件格式。PSD 格式能够保存图像数据的细小部分，如图层、蒙版、通道等 Photoshop 对图像进行特殊处理的信息。在没有最终决定图像的存储格式前，最好先以这种格式存储。另外，Photoshop 打开和存储这种格式的文件较其他格式更快。

1.4.4　AI 格式

AI 是一种矢量图片格式，是 Adobe 公司的 Illustrator 软件的专用格式。它的兼容度比较高，可以在 CorelDRAW 中打开，也可以将 CDR 格式的文件导出为 AI 格式。

1.4.5　JPEG 格式

JPEG 是 Joint Photographic Experts Group 的首字母缩写，译为联合图片专家组，它既是 Photoshop 支持的一种文件格式，也是一种压缩方案。JPEG 格式是 Macintosh 上常用的一种存储类型。JPEG 格式是压缩格式中的"佼佼者"，与 TIF 文件格式采用的 LIW 无损失压缩相比，它的压缩比例更大。但它使用的有损失压缩会丢失部分数据。用户可以在存储前选择图像的最后质量，这样就能控制数据的损失程度。

在 Photoshop 中，可以选择低、中、高和最高 4 种图像压缩品质。以最高质量保存图像比其他质量的保存形式占用更大的磁盘空间。而选择低质量保存图像则会使损失的数据较多，但占用的磁盘空间较少。

1.5　页面设置

1.5.1　在 Photoshop 中设置页面

选择"文件 > 新建"命令，弹出"新建"对话框，如图 1-15 所示。在对话框中，"名称"选项后的文本框中可以输入新建图像的文件名，"预设"选项后的下拉列表用于自定义或选择其他固定格式文件的大小，在"宽度"和"高度"选项后的数值框中可以输入需要设置的宽度和高度的数值，在"分辨率"选项后的数值框中可以输入需要设置的分辨率。

图像的宽度和高度可以设定为像素或厘米，单击"宽度"和"高度"选项下拉列表后面的黑色三角按钮，弹出计量单位下拉列表，可以选择计量单位。

"分辨率"选项可以设定每英寸的像素数或每厘米的像素数,一般在进行屏幕练习时,设定为 72 像素/英寸;在进行平面设计时,分辨率设定为输出设备的半调网屏频率的 1.5～2 倍,一般为 300 像素/英寸。单击"确定"按钮,新建页面。

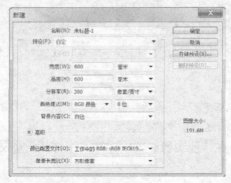

图 1-15

每英寸像素数越高,图像的效果越好,但图像的文件也越大。应根据需要设定合适的分辨率。

1.5.2 在 CorelDRAW 中设置页面

在实际工作中,往往要利用像 CorelDRAW 这样的优秀平面设计软件来完成印前的制作任务,随后才是出胶片、送印厂。这就要求我们在设计、制作前设置好作品的尺寸。为了方便广大用户使用,CorelDRAW X6 预设了 50 多种页面样式供用户选择。

在新建的 CorelDRAW 文档窗口中,属性栏可以设置纸张的类型大小、纸张的高度和宽度、纸张的放置方向等,如图 1-16 所示。

图 1-16

选择"布局 >页面设置"命令,弹出"选项"对话框,如图 1-17 所示,在这里可以进行更多的设置。

图 1-17

在页面"页面尺寸"的选项框中,除了可对版面纸张类型大小、放置方向等进行设置外,还可设置页面出血、分辨率等选项。

1.6 图片大小

在完成平面设计任务的过程中，为了更好地编辑图像或图形，经常需要调整图像或者图形的大小。下面介绍图像或图形大小的调整方法。

1.6.1 在 Photoshop 中调整图像大小

打开光盘中的"Ch01 >素材 > 04"文件，如图 1-18 所示。选择"图像 > 图像大小"命令，弹出"图像大小"对话框，如图 1-19 所示。

"像素大小"选项组：以像素为单位来改变宽度和高度的数值，图像的尺寸也相应改变。

"文档大小"选项组：以厘米为单位来改变图像的宽度和高度的数值，以像素/英寸为单位来改变分辨率的数值，图像的文档大小会改变，图像的尺寸也相应改变。

"约束比例"选项：选中该复选框，在宽度和高度的选项后出现"锁链"标志 ⁸，表示改变其中一项设置时，两项会成比例地同时改变。

"重定图像像素"选项：不选中该复选框，像素大小将不发生变化，"文档大小"选项组中的宽度、高度和分辨率的选项后将出现"锁链"标志，其中任意一项发生改变时，其他 2 项会同时改变，如图 1-20 所示。

图 1-18

图 1-19　　　　　　　　　　　　　　　图 1-20

用鼠标单击"自动"按钮，弹出"自动分辨率"对话框，系统将自动调整图像的分辨率和品质效果，也可以根据需要自主调节图像的分辨率和品质效果，如图 1-21 所示。

在"图像大小"对话框中，也可以改变数值的计量单位，有多种数值的计量单位可以选择，如图 1-22 所示。

图 1-21

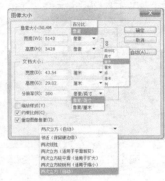

图 1-22

在"图像大小"对话框中，改变"文档大小"选项组中的宽度数值，如图 1-23 所示，图像将变小，效果如图 1-24 所示。

图 1-23

图 1-24

知识提示

在设计制作的过程中，位图的分辨率一般为 300 像素/英寸，编辑位图的尺寸可以从大尺寸图调整到小尺寸图，这样没有图像品质的损失。如果从小尺寸图调整到大尺寸图，就会造成图像品质的损失，如图片模糊等。

1.6.2 在 CorelDRAW 中调整图像大小

打开光盘中的"基础素材 > 05"文件。使用"选择"工具，选取要缩放的对象，对象的周围出现控制手柄，如图 1-25 所示。用鼠标拖曳控制手柄可以缩小或放大对象，如图 1-26 所示。

图 1-25

图 1-26

选择"选择"工具，并选取要缩放的对象，对象的周围出现控制手柄，如图 1-27 所示，这时的属性栏如图 1-28 所示。在属性栏的"对象的大小"选项 中根据设计需要调整宽度和高度的数值，如图 1-29 所示，按 Enter 键确认，完成对象的缩放，效果如图 1-30 所示。

图 1-27

图 1-28

图 1-29

图 1-30

1.7 出血

　　印刷装订工艺要求接触到页面边缘的线条、图片或色块，须跨出页面边缘的成品裁切线 3mm，称为出血。出血是防止裁刀裁切到成品尺寸里面的图文或出现白边。下面将以俱乐部名片的制作为例，对如何在 Photoshop 或 CorelDRAW 中设置名片的出血进行细致的介绍。

1.7.1 在 Photoshop 中设置出血

　　（1）要求制作的名片的成品尺寸是 90mm×55mm，如果名片有底色或花纹，则需要将底色或花纹跨出页面边缘的成品裁切线 3mm。因此，在 Photoshop 中，新建文件的页面尺寸需要设置为 96mm×61mm。

　　（2）按 Ctrl+N 组合键，弹出"新建"对话框，选项的设置如图 1-31 所示；单击"确定"按钮，效果如图 1-32 所示。

图 1-31

图 1-32

　　（3）选择"视图 > 新建参考线"命令，弹出"新建参考线"对话框，设置如图 1-33 所示；单击"确定"按钮，效果如图 1-34 所示。用相同的方法，在 58mm 处新建一条水平参考线，效果如图 1-35 所示。

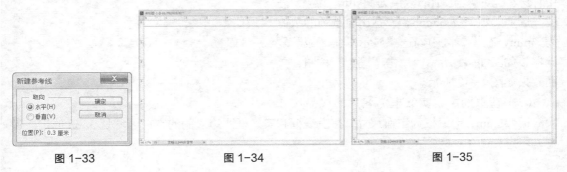

图 1-33　　　　　　　　　　图 1-34　　　　　　　　　　图 1-35

（4）选择"视图 > 新建参考线"命令，弹出"新建参考线"对话框，设置如图 1-36 所示；单击"确定"按钮，效果如图 1-37 所示。用相同的方法，在 93mm 处新建一条垂直参考线，效果如图 1-38 所示。

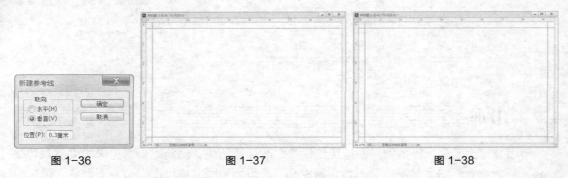

图 1-36   图 1-37   图 1-38

（5）按 Ctrl+O 组合键，打开光盘中的"Ch01 > 素材 > 俱乐部名片 > 01"文件，效果如图 1-39 所示。选择"移动"工具 ，将其拖曳到新建的未标题-1 文件窗口中，如图 1-40 所示；在"图层"控制面板中生成新的图层"图层 1"。按 Ctrl+E 组合键，合并可见图层。按 Ctrl+S 组合键，弹出"存储为"对话框，将其命名为"俱乐部名片背景"，保存为 TIFF 格式。单击"保存"按钮，弹出"TIFF 选项"对话框，再单击"确定"按钮将图像保存。

图 1-39   图 1-40

1.7.2 在 CorelDRAW 中设置出血

（1）要求制作名片的成品尺寸是 90mm×55mm，需要设置的出血是 3 mm。

（2）按 Ctrl+N 组合键，新建一个文档。选择"布局 > 页面设置"命令，弹出"选项"对话框，在"文档"设置区的"页面尺寸"选项框中，设置"宽度"选项的数值为 90mm，设置"高度"选项的数值为 55mm，设置出血选项的数值为 3mm，在设置区中勾选"显示出血区域"复选框，如图 1-41 所示；单击"确定"按钮，页面效果如图 1-42 所示。

图 1-41

（3）在页面中，实线框为名片的成品尺寸 90mm×55mm，虚线框为出血尺寸，在虚线框和实线框四边之间的空白区域是 3mm 的出血设置，示意如图 1-43 所示。

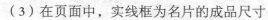

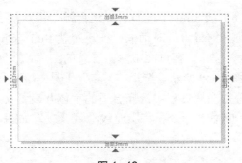

图 1-42　　　　　　　　　　　　　图 1-43

（4）选择"贝塞尔"工具 ，绘制一个不规则图形。设置图形颜色的 CMYK 值为 40、0、40、0，填充图形，并设置描边色为无。选择"透明度"工具 ，将透明度设置为 50%，效果如图 1-44 所示。选择"贝塞尔"工具 ，在适当的位置绘制一个图形，设置图形颜色的 CMYK 值为 60、0、60、20，填充图形，并去除图形轮廓线，效果如图 1-45 所示。

图 1-44　　　　　　　　　　　　　图 1-45

（5）按 Ctrl+I 组合键，弹出"导入"对话框，打开光盘中的"Ch01 > 效果 > 俱乐部名片 >俱乐部名片背景"文件，如图 1-46 所示，并单击"导入"按钮。在页面中单击导入的图片，按 P 键，使图片与页面居中对齐，效果如图 1-47 所示。

图 1-46　　　　　　　　　　　　　图 1-47

知识提示

　　　　　　导入的图像是位图，所以导入图像之后，页边框被图像遮挡在下面，不能显示。

（6）按 Shift+PageDown 组合键，将其置于最底层，效果如图 1-48 所示。按 Ctrl+I 组合键，弹出"导入"对话框，打开光盘中的"Ch01 > 素材 > 俱乐部名片 > 02"文件，并单击"导入"按钮。在页面中单击导入的图片，选择"选择"工具 ，将其拖曳到适当的位置，效果如图 1-49 所示。选择"文本"工具 ，在页面中分别输入需要的文字。选择"选择"工具 ，分别在属性栏中选择合适的字体并设置文字大小，效果如图 1-50 所示。选择"视图 > 显示 > 出血"命令，将出血线隐藏，效果如图 1-51 所示。

图 1-48

图 1-49

图 1-50

图 1-51

（7）选择"文件 > 打印预览"命令，单击"启用分色"按钮 ，在窗口中可以观察到名片将来出胶片的效果，还有 4 个角上的裁切线、4 个边中间的套准线 和测控条。单击页面分色按钮，可以切换显示各分色的胶片效果，如图 1-52 所示。

青色胶片

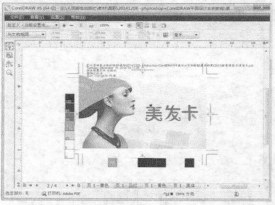

品红胶片

图 1-52

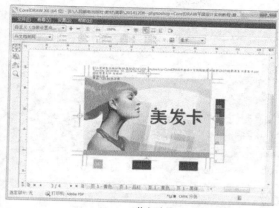
黄色胶片

黑色胶片

图 1-52（续）

知识提示

最后完成的设计作品，都要送到专业的输出中心，在输出中心把作品输出成印刷用的胶片。一般我们使用 CMYK 四色模式制作的作品会出 4 张胶片，分别是青色、洋红色、黄色和黑色四色胶片。

（8）最后制作完成的设计作品效果如图 1-53 所示。按 Ctrl+S 组合键，弹出"保存图形"对话框，将其命名为"俱乐部名片"，保存为 CDR 格式，单击"保存"按钮将图像保存。

图 1-53

1.8　文字的转换

在 Photoshop 和 CorelDRAW 中输入文字时，都需要选择文字的字体。文字的字体安装在计算机、打印机或照排机的文件中。字体就是文字的外在形态，当设计师选择的字体与输出中心的字体不匹配时，或者根本就没有设计师选择的字体时，出来的胶片上的文字就不是设计师选择的字体，也可能出现乱码。下面讲解如何在 Photoshop 和 CorelDRAW 中进行文字转换来避免出现这样的问题。

1.8.1　在 Photoshop 中转换文字

打开光盘中的"基础素材 ＞ 06"文件，在"图层"控制面板中选中需要的文字图层，单击鼠标右键，在弹出的菜单中选择"栅格化文字"命令，如图 1-54 所示。将文字图层转换为普通图层，就是将文字转换为图像，如图 1-55 所示。在图像窗口中的文字效果如图 1-56 所示。转换为普通图层后，出片文件将不会出现字体的匹配问题。

图 1-54　　　　　　　　图 1-55　　　　　　　　图 1-56

1.8.2　在 CorelDRAW 中转换文字

打开光盘中的"Ch01 > 效果 > 俱乐部名片 > 俱乐部名片.cdr"文件。选择"选择"工具 ，按住 Shift 键的同时单击输入的文字将其同时选取，如图 1-57 所示。选择"排列 > 转换为曲线"命令，将文字转换为曲线，如图 1-58 所示。按 Ctrl+S 组合键，将文件保存。

图 1-57　　　　　　　　　　　　图 1-58

将文字转换为曲线，就是将文字转换为图形。这样，在输出中心就不会出现文字的匹配问题，在胶片上也不会形成乱码。

1.9　印前检查

在 CorelDRAW 中，可以对设计制作好的名片进行印前的常规检查。

打开光盘中的"Ch01 > 效果 > 俱乐部名片 > 俱乐部名片.cdr"文件，效果如图 1-59 所示。选择"文件 > 文档属性"命令，在弹出的对话框中可查看文件、文档、图形对象、文本统计、位图对象、样式、效果、填充、轮廓等多方面的信息，如图 1-60 所示。

在"文件"信息组中可查看文件的名称和位置、大小、创建和修改日期、属性等信息。

在"文档"信息组中可查看文件的页码、图层、页面大小、方向和分辨率等信息。

在"图形对象"信息组中可查看对象的数目、点数、曲线、矩形、椭圆等信息。

在"文本统计"信息组中可查看文档中的文本对象信息。

在"位图对象"信息组中可查看文档中导入位图的色彩模式、文件大小等信息。

在"样式"信息组中可查看文档中图形的样式等信息。

在"效果"信息组中可查看文档中图形的效果等信息。

在"填充"信息组中可查看未填充、均匀、对象、颜色模型等信息。

在"轮廓"信息组中可查看无轮廓、均匀、按图像大小缩放、对象、颜色模型等信息。

图 1-59

图 1-60

知识提示　　如果在 CorelDRAW 中，已经将设计作品中的文字转成曲线，那么在"文本统计"信息组中，将显示"文档中无文本对象"信息。

1.10 小样

在 CorelDRAW 中设计制作完成客户的任务后，可以方便地给客户看设计完成稿的小样。下面介绍小样电子文件的导出方法。

1.10.1 带出血的小样

（1）打开光盘中的"Ch01 > 效果 > 俱乐部名片.cdr"文件，效果如图 1-61 所示。选择"文件 > 导出"命令，弹出"导出"对话框，将其命名为"美发卡"，导出为 JPG 格式，如图 1-62 所示。单击"导出"按钮，弹出"导出到 JPEG"对话框，选项的设置如图 1-63 所示，单击"确定"按钮导出图形。

图 1-61

图 1-62

图 1-63

（2）导出图形在桌面上的图标如图 1-64 所示。可以通过电子邮件的方式把导出的 JPG 格式小样发给客户观看，客户可以在看图软件中打开观看，效果如图 1-65 所示。

图 1-64　　　　　　　　　　　　　　图 1-65

一般给客户观看的作品小样都导出为 JPG 格式，JPG 格式的图像压缩比例大，文件量小。有利于通过电子邮件的方式发给客户。

1.10.2　成品尺寸的小样

（1）打开光盘中的"Ch01 > 效果 > 美发卡.cdr"文件，效果如图 1-66 所示。双击"选择"工具 ，将页面中的所有图形同时选取，如图 1-67 所示。按 Ctrl+G 组合键将其群组，效果如图 1-68 所示。

（2）双击"矩形"工具 ，系统自动绘制一个与页面大小相等的矩形，绘制的矩形大小就是名片成品尺寸的大小。按 Shift+PageUp 组合键，将其置于最上层，效果如图 1-69 所示。

图 1-66

图 1-67

图 1-68

图 1-69

（3）选择"选择"工具 ，选取群组后的图形，如图 1-70 所示。选择"效果 > 图框精确剪裁 > 放置在容器中"命令，鼠标指针变为黑色箭头形状，在矩形框上单击，如图 1-71 所示。

图 1-70

图 1-71

（4）将名片置入矩形中，效果如图 1-72 所示。在"CMYK 调色板"中的"无填充"按钮⊠上单击鼠标右键，去掉矩形的轮廓线，效果如图 1-73 所示。

图 1-72

图 1-73

（5）名片的成品尺寸效果如图 1-74 所示。选择"文件 > 导出"命令，弹出"导出"对话框，将其命名为"俱乐部名片–成品尺寸"，导出为 JPG 格式，如图 1-75 所示。

图 1-74   图 1-75

（6）单击"导出"按钮，弹出"导出到 JPEG"对话框，选项的设置如图 1-76 所示，单击"确定"按钮，导出成品尺寸的名片图像。可以通过电子邮件的方式把导出的 JPG 格式小样发给客户，客户可以在看图软件中打开观看，效果如图 1-77 所示。

图 1-76   图 1-77

PART 2

第 2 章
标志设计

本章介绍

标志是一种传达事物特征的特定视觉符号，它代表着企业的形象和文化。企业的服务水平、管理机制及综合实力都可以通过标志来体现。在企业视觉战略推广中，标志起着举足轻重的作用。本章以祥云科技公司的标志为例，讲解标志的设计方法和制作技巧。

学习目标

- 在 Photoshop 软件中制作标志图形的立体效果。
- 在 CorelDRAW 软件中制作标志和标准字。

技能目标

- 掌握"祥云科技标志设计"的制作方法。
- 掌握"晨东百货标志设计"的制作方法。

2.1 祥云科技标志设计

【案例学习目标】学习在 CorelDRAW 中添加网格制作标志；添加并编辑文字节点制作标准字。在 Photoshop 中为标志添加样式制作标志的立体效果。

【案例知识要点】在 CorelDRAW 中，使用椭圆工具、合并命令、贝塞尔工具和移除前面对象命令制作云图形；使用椭圆工具、移除前面对象命令和形状工具绘制 "e" 图形；使用文本工具和形状工具制作标准字。在 Photoshop 中，使用添加图层样式命令制作标志图形的立体效果。祥云科技标志效果如图 2-1 所示。

【效果所在位置】光盘/Ch02/效果/祥云科技标志设计/祥云科技标志.tif。

图 2-1

CorelDRAW 应用

2.1.1 制作云图形

（1）按 Ctrl+N 组合键，弹出"创建新文档"对话框，选项的设置如图 2-2 所示，单击"确定"按钮新建一个 A4 大小的页面。按 Ctrl+J 组合键，弹出"选项"对话框，在"网格"选项面板中，将水平和垂直数值均为 1，勾选"显示网格"复选框，如图 2-3 所示。单击"确定"按钮，页面中显示出设置好的网格。

图 2-2

图 2-3

网格可以辅助绘制图形。在网格选项面板中，"水平"和"垂直"选项右侧的"每毫米的网格线数"选项可以设置网格的密度，"毫米 间距"选项可以设置网格点的间距。勾选"显示网格"复选框可以直接在文档中显示网格。勾选"对齐网格"复选框可以使绘制的图形自动对齐网格点。网格点设置要合理，如果密度太大，会限制图形对象移动或变形的操作。

（2）选择"椭圆形"工具 ⚪，按住 Ctrl 键的同时，绘制一个圆形，如图 2-4 所示。选择"3 点椭圆形"工具 ⚲，在适当的位置再绘制两个椭圆形，如图 2-5 所示。

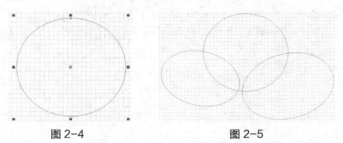

图 2-4 　　　　　　　　　　　图 2-5

（3）选择"选择"工具 ▣，用圈选的方法将圆形和椭圆形同时选取，如图 2-6 所示。单击属性栏中的"合并"按钮 ▣，将圆形和椭圆形焊接在一起，效果如图 2-7 所示。

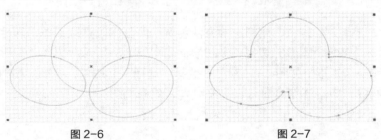

图 2-6 　　　　　　　　　　　图 2-7

（4）选择"椭圆形"工具 ⚪，再绘制 3 个椭圆形，将其合并在一起，效果如图 2-8 所示。选择"贝塞尔"工具 ✎，绘制一个不规则图形，如图 2-9 所示。

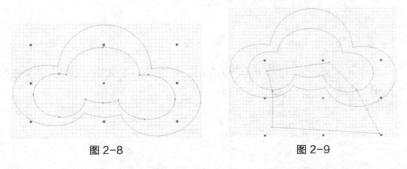

图 2-8 　　　　　　　　　　　图 2-9

（5）选择"选择"工具 ▣，用圈选的方法将图形同时选取，如图 2-10 所示。单击属性栏中的"移除前面对象"按钮 ▣，将图形剪切为一个图形，如图 2-11 所示。保持图形的选取状态，设置图形颜色的 CMYK 值为 100、0、0、0，填充图形，并去除图形的轮廓线，效果如图 2-12 所示。

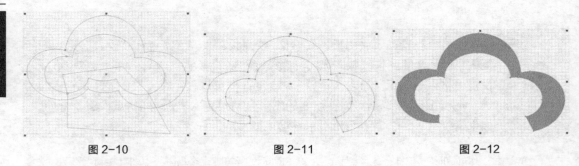

图 2-10　　　　　　　　　　图 2-11　　　　　　　　　　图 2-12

2.1.2　制作"e"图形

（1）选择"椭圆形"工具 ◎，按住 Ctrl 键的同时，绘制一个圆形，如图 2-13 所示。按住 Shift 键的同时，向内拖曳圆形右上角的控制手柄到适当的位置，单击鼠标右键，图形的同心圆效果如图 2-14 所示。

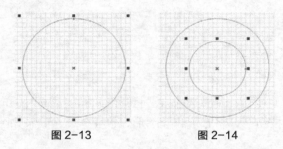

图 2-13　　　　　　　　　　图 2-14

（2）选择"选择"工具 ▶，用圈选的方法将两个圆形同时选取，单击属性栏中"移除前面对象"按钮 ◻，将两个图形剪切为一个图形，如图 2-15 所示。选择"矩形"工具 ◻，在适当的位置绘制一个矩形，如图 2-16 所示。选择"选择"工具 ▶，将矩形和剪切后的图形同时选取，单击属性栏中"移除前面对象"按钮 ◻，效果如图 2-17 所示。

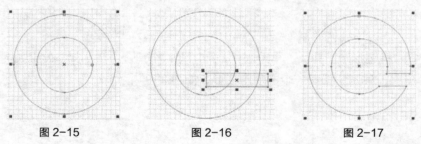

图 2-15　　　　　　　　　　图 2-16　　　　　　　　　　图 2-17

（3）选择"形状"工具 ▶，选取需要的节点，如图 2-18 所示。按住 Ctrl 键的同时，水平向左拖曳节点到适当位置，效果如图 2-19 所示。

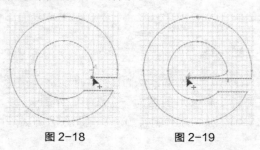

图 2-18　　　　　　　　　　图 2-19

（4）选择"形状"工具 ，选取需要的节点，如图 2-20 所示。拖曳该节点到适当的位置，效果如图 2-21 所示。选择"形状"工具 ，对移动的两个节点分别进行调整，效果如图 2-22 所示。

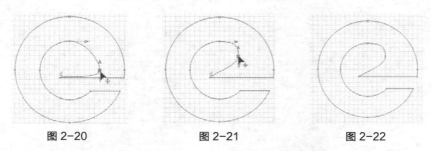

图 2-20　　　　　　　　图 2-21　　　　　　　　图 2-22

（5）选取需要的节点，如图 2-23 所示；按 Delete 键，将其删除，效果如图 2-24 所示。选择"形状"工具 ，选取需要的节点，如图 2-25 所示；将其拖曳到适当的位置，效果如图 2-26 所示。

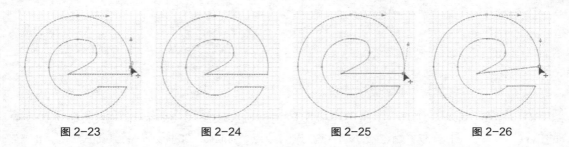

图 2-23　　　　　图 2-24　　　　　图 2-25　　　　　图 2-26

（6）选择"选择"工具 ，在属性栏中将"旋转角度" 选项设为 350，按 Enter 键，效果如图 2-27 所示。选择"形状"工具 ，选取需要的节点，如图 2-28 所示；将其拖曳到适当的位置，效果如图 2-29 所示。

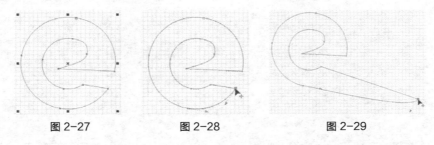

图 2-27　　　　　图 2-28　　　　　图 2-29

（7）选择"形状"工具 ，选取需要的节点，如图 2-30 所示；按 Delete 键，将其删除，效果如图 2-31 所示。

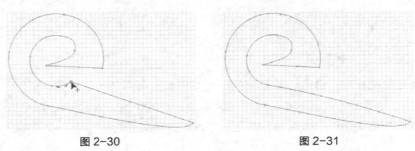

图 2-30　　　　　　　　　　图 2-31

（8）选择"形状"工具 ，选取需要的节点，节点周围出现两条控制线，如图2-32所示。将鼠标光标放在上方控制线的控制点上，如图2-33所示。拖曳控制点到适当的位置，效果如图2-34所示。选取节点左侧的节点，将其右侧控制线上的控制点拖曳到适当的位置，效果如图2-35所示。

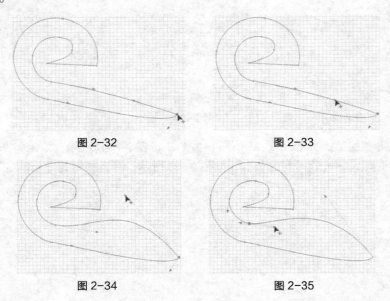

图2-32 　　　　　　　　　　　　　　　图2-33

图2-34 　　　　　　　　　　　　　　　图2-35

（9）选择"形状"工具 ，选取控制线上的控制点，如图2-36所示。拖曳控制点到适当的位置，效果如图2-37所示。选取节点左侧的节点，如图2-38所示；将其拖曳到适当的位置并调整控制线上的控制点到适当的位置，效果如图2-39所示。

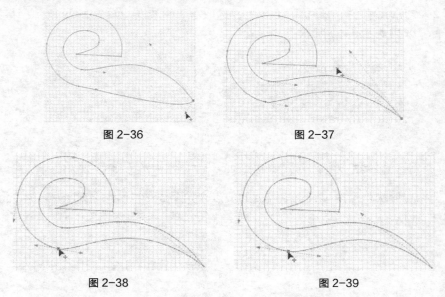

图2-36 　　　　　　　　　　　　　　　图2-37

图2-38 　　　　　　　　　　　　　　　图2-39

（10）选择"选择"工具 ，将绘制的图形拖曳到页面中适当的位置，如图2-40所示。再次单击图形，使其处于旋转状态，将图形旋转到适当的位置，效果如图2-41所示。设置图形颜色的CMYK值为100、0、0、0，填充图形，并去除图形的轮廓线，效果如图2-42所示。

按 Esc 键，取消图形的选取状态，效果如图 2-43 所示。选择"视图 > 网格"命令，将网格隐藏。

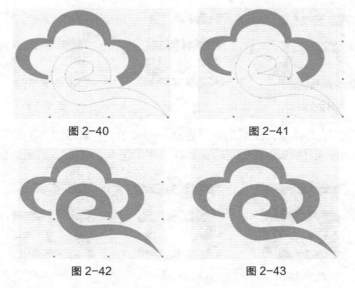

图 2-40   图 2-41

图 2-42   图 2-43

2.1.3　添加并编辑标准字

（1）选择"文本"工具，在页面中输入需要的文字。选择"选择"工具，在属性栏中选择合适的字体并设置文字大小，效果如图 2-44 所示。按 Ctrl+K 组合键，将文字进行拆分，如图 2-45 所示。

图 2-44   图 2-45

（2）选择"选择"工具，选取"云"字，按 Ctrl+Q 组合键，将文字转换为曲线，如图 2-46 所示。选择"形状"工具，选取需要的节点，如图 2-47 所示；将其拖曳到适当的位置，如图 2-48 所示。用相同的方法将下方的节点拖曳到适当的位置，效果如图 2-49 所示。

图 2-46   图 2-47   图 2-48   图 2-49

　　　选择"排列 > 转换为曲线"命令或按 Ctrl+Q 组合键，可以将文本转换为曲线。转换后可以对文本进行任意变形。转曲后的文本对象不会丢失其文本格式，但无法进行任何文本格式的编辑及修改。按 Ctrl+K 组合键，将转换为曲线的文字打散后，还可以和其他文字和图形组合成新的文字组合。

（3）选择"形状"工具 ，选取需要的节点，如图 2-50 所示。将其拖曳到适当的位置，如图 2-51 所示；松开鼠标，效果如图 2-52 所示。

图 2-50　　　　　　　　图 2-51　　　　　　　　图 2-52

（4）选择"形状"工具 ，在适当的位置双击添加节点，如图 2-53 所示。选取需要的节点，如图 2-54 所示；按住 Ctrl 键的同时，将其拖曳到适当的位置，效果如图 2-55 所示。

图 2-53　　　　　　　　图 2-54　　　　　　　　图 2-55

（5）选择"形状"工具 ，在适当的位置双击添加节点，如图 2-56 所示；将其拖曳到适当的位置，效果如图 2-57 所示。再在适当的位置双击添加节点，如图 2-58 所示。选取需要的节点并将其拖曳到适当的位置，效果如图 2-59 所示。

图 2-56　　　　　图 2-57　　　　　图 2-58　　　　　图 2-59

（6）选择"形状"工具 ，在适当的位置双击添加两个节点，如图 2-60 所示。选取需要的节点，如图 2-61 所示；按 Delete 键，将其删除，效果如图 2-62 所示。

图 2-60　　　　　　　　图 2-61　　　　　　　　图 2-62

（7）选择"形状"工具 ，选取需要的节点，如图 2-63 所示。单击属性栏中的"转换为曲线"按钮 ，节点上出现控制线，如图 2-64 所示；拖曳控制线上的控制点到适当的位置，效果如图 2-65 所示。

（8）"云"字编辑完成，效果如图 2-66 所示。使用相同的方法，对其他文字进行编辑，效果如图 2-67 所示。

图 2-63　　　　　　　　图 2-64　　　　　　　　图 2-65

图 2-66　　　　　　　　　图 2-67

（9）选择"文本"工具，在页面中输入需要的文字。选择"选择"工具，在属性栏中选择合适的字体并设置文字大小，效果如图 2-68 所示。将其拖曳到标志图形的右侧，效果如图 2-69 所示。

图 2-68　　　　　　　　　　　图 2-69

（10）选择"文件 > 导出"命令，弹出"导出"对话框，将其命名为"标志导出图"，保存为 PSD 格式，单击"导出"按钮，弹出"转换为位图"对话框，单击"确定"按钮，导出为 PSD 格式。

Photoshop 应用

2.1.4　添加标志图形

（1）打开 Photoshop CS6 软件，按 Ctrl+N 组合键，新建一个文件：宽度为 21cm，高度为 21cm，分辨率为 300 像素/英寸，颜色模式为 RGB，背景内容为白色。

（2）按 Ctrl+O 组合键，打开光盘中的"Ch02 > 效果 > 祥云科技标志设计 > 标志导出图"文件，选择"矩形选框"工具，在图像窗口中绘制矩形选区，如图 2-70 所示。选择"移动"工具，将选区中的图像拖曳到图像窗口中，按 Ctrl+T 组合键，图像周围出现控制手柄，向外拖曳控制手柄调整其大小，效果如图 2-71 所示，在"图层"控制面板中生成新的图层"图层 1"。

图 2-70　　　　　　　　　　　图 2-71

（3）选择"矩形选框"工具 ▦，在打开的素材图片中绘制矩形选区，如图 2-72 所示。选择"移动"工具 ▸╪，将选区中的图像拖曳到图像窗口中，按 Ctrl+T 组合键，图像周围出现控制手柄，向外拖曳控制手柄调整其大小，效果如图 2-73 所示，在"图层"控制面板中生成新的图层"图层 2"。

图 2-72   图 2-73

 如果将当前图像中选区内的图像移动到另一张图像中，只要使用移动工具将选区中的图像拖曳到另一张图像中即可。

2.1.5 制作标志立体效果

（1）在"图层"控制面板中，按住 Shift 键的同时，选中"图层 1"和"图层 2"，按 Ctrl+E 组合键，合并图层并将其命名为"标志"。单击"图层"控制面板下方的"添加图层样式"按钮 *fx*，在弹出的菜单中选择"投影"命令，弹出对话框，选项的设置如图 2-74 所示，单击"确定"按钮，效果如图 2-75 所示。

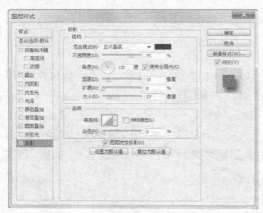

图 2-74   图 2-75

（2）单击"图层"控制面板下方的"添加图层样式"按钮 *fx*，在弹出的菜单中选择"斜面和浮雕"命令，弹出对话框，将"高光颜色"设为浅蓝色（其 R、G、B 的值分别为 225、242、242），"阴影颜色"设置为暗棕色（其 R、G、B 的值分别为 78、54、16），其他选项的设置如图 2-76 所示，单击"确定"按钮，效果如图 2-77 所示。

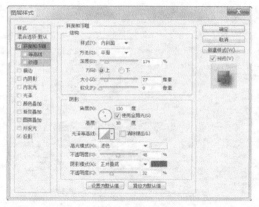

图 2-76　　　　　　　　　　　　　　　　　　　　图 2-77

（3）单击"图层"控制面板下方的"添加图层样式"按钮 fx，在弹出的菜单中选择"渐变叠加"命令，弹出对话框。单击"点按可编辑渐变"按钮，弹出"渐变编辑器"对话框，在"位置"选项中分别输入 0、14、50、61、69、100 几个位置点，分别设置这几个位置点颜色的 RGB 值为 0（34、77、107），14（41、137、204），50（233、250、255），61（93、68、1），69（230、146、0），100（252、220、130），如图 2-78 所示，单击"确定"按钮。返回到"渐变叠加"对话框，其他选项的设置如图 2-79 所示，单击"确定"按钮，效果如图 2-80所示。

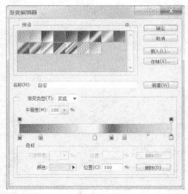

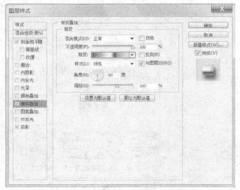

图 2-78　　　　　　　　　　　　图 2-79　　　　　　　　　　　　图 2-80

（4）单击"图层"控制面板下方的"添加图层样式"按钮 fx，在弹出的菜单中选择"光泽"命令，弹出对话框。单击"等高线"选项右侧的按钮，在弹出的面板中选取需要的图标，如图 2-81 所示，其他选项的设置如图 2-82 所示，单击"确定"按钮。祥云科技标志设计制作完成，效果如图 2-83 所示。

（5）选择"图像 > 模式 > CMYK 颜色"命令，弹出提示对话框，单击"拼合"按钮，拼合图像。按 Ctrl+Shift+S 组合键，弹出"存储为"对话框，将制作好的图像命名为"祥云科技标志"，保存为 TIFF 格式，单击"保存"按钮，将图像保存。

图 2-81

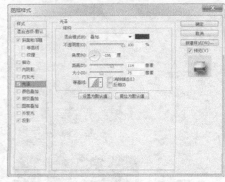

图 2-82 图 2-83

2.2 课后习题——晨东百货标志设计

【习题知识要点】在 Photoshop 中，使用图层样式命令制作标志的立体效果。在 Corel-DRAW 中，使用艺术笔工具绘制标志图形；使用交互式变形工具进一步调整图形；使用椭圆工具、轮廓笔工具和后减前命令制作装饰图形；使用文本工具添加标志文字。晨东百货标志效果如图 2-84 所示。

【效果所在位置】光盘/Ch02/效果/晨东百货标志设计/晨东百货标志.tif。

图 2-84

PART 3

第 3 章
卡片设计

本章介绍

卡片是人们增进交流的一种载体，是传递信息、交流情感的一种方式。卡片的种类繁多，有邀请卡、祝福卡、生日卡、圣诞卡、新年贺卡等。本章以圣诞贺卡为例，讲解贺卡正面和背面的设计方法和制作技巧。

学习目标

- 在 Photoshop 软件中制作贺卡正面和背面底图。
- 在 CorelDRAW 软件中制作祝福语和装饰图形。

技能目标

- 掌握"圣诞贺卡正面设计"的制作方法。
- 掌握"圣诞贺卡背面设计"的制作方法。
- 掌握"新年贺卡设计"的制作方法。

3.1　圣诞贺卡正面设计

【案例学习目标】学习在 Photoshop 中绘图工具、填充工具、图层面板和高斯模糊滤镜制作贺卡正面底图。在 CorelDRAW 中使用绘图工具、造形工具和交互式工具绘制雪人；使用文本工具添加祝福语。

【案例知识要点】在 Photoshop 中，使用渐变工具制作背景效果；使用椭圆工具和高斯模糊命令制作月亮图形；使用椭圆工具和添加图层样式命令制作雪地；使用画笔工具制作雪花。在 CorelDRAW 中，使用贝塞尔工具、椭圆工具、造形工具和调和工具制作雪人；使用贝塞尔工具、文本工具和使文本适合路径命令添加路径文字；使用文本工具和形状工具添加祝福语。新年拜福贺卡正面设计效果如图 3-1 所示。

图 3-1

【效果所在位置】光盘/Ch03/效果/圣诞贺卡正面设计/圣诞贺卡正面.cdr。

Photoshop 应用

3.1.1　绘制贺卡正面背景效果

（1）按 Ctrl+N 组合键，新建一个文件：宽度为 15cm，高度为 20cm，分辨率为 300 像素/英寸，颜色模式为 CMYK，背景内容为白色。

（2）选择"渐变"工具，单击属性栏中的"点按可编辑渐变"按钮，弹出"渐变编辑器"对话框，分别设置五个位置点颜色的 RGB 值为：12（26、103、97）、26（46、128、144）、48（116、198、190）、86（162、215、212）、100（98、192、180），如图 3-21 所示，单击"确定"按钮，在属性栏中选择"线性渐变"按钮，在图像窗口中由上向下拖曳渐变，效果如图 3-2 所示。

（3）将前景色设为黄色（其 R、G、B 值分别为 255、251、231）。新建图层并将其命名为"月亮"。选择"矩形"工具，将属性栏中的"选择工具模式"选项设为"像素"，在图像窗口中的适当位置拖曳鼠标绘制图形，效果如图 3-3 所示。

图 3-2　　　　　　　　图 3-3

（4）选择"滤镜 > 模糊 > 高斯模糊"命令，在弹出的对话框中进行设置，如图 3-4 所示，单击"确定"按钮，效果如图 3-5 所示。

图 3-4 图 3-5

（5）将"月亮"图层拖曳到控制面板下方的"创建新图层"按钮 ▢ 上进行复制，生成新图层"月亮 副本"。选择"滤镜 > 模糊 > 高斯模糊"命令，在弹出的对话框中进行设置，如图 3-6 所示，单击"确定"按钮，效果如图 3-7 所示。

图 3-6 图 3-7

3.1.2 添加素材图片并制作雪花

（1）按 Ctrl+O 组合键，打开光盘中的"Ch03 > 素材 > 圣诞贺卡正面设计 > 01"文件，选择"移动"工具 ▶＋，将图片拖曳到图像窗口中适当的位置，如图 3-8 所示。在"图层"控制面板中生成新的图层并将其命名为"圣诞树"。

（2）将前景色设为绿色（其 R、G、B 值分别为 184、200、183）。新建图层并将其命名为"雪地"。选择"椭圆"工具 ◯，将属性栏中的"选择工具模式"选项设为"形状"，在图像窗口中拖曳鼠标绘制形状，效果如图 3-9 所示。

图 3-8 图 3-9

（3）单击"图层"控制面板下方的"添加图层样式"按钮 fx，在弹出的菜单中选择"渐变叠加"命令，弹出对话框，单击"渐变"选项右侧的"点按可编辑渐变"按钮 ▭ ，弹出"渐变编辑器"对话框，将渐变色设为从浅紫色（其 R、G、B 的值分别为 137、162、198）

到白色，如图 3-10 所示，单击"确定"按钮。返回到"渐变叠加"对话框中，其他选项的设置如图 3-11 所示，单击"确定"按钮，效果如图 3-12 所示。

图 3-10 图 3-11 图 3-12

（4）按 Ctrl+O 组合键，打开光盘中的"Ch03 > 素材 > 圣诞贺卡正面设计 > 02"文件，选择"移动"工具 ，将图片拖曳到图像窗口中适当的位置，如图 3-13 所示，在"图层"控制面板中生成新的图层并将其命名为"底图"。

（5）在"图层"控制面板上方，将"底图"图层的混合模式选项设为"颜色加深"，如图 3-14 所示，效果如图 3-15 所示。

图 3-13 图 3-14 图 3-15

（6）新建图层将其命名为"画笔"。将前景色设为浅黄色（其 R、G、B 的值分别为 255、254、238）。选择"画笔"工具 ，单击属性栏中的"切换画笔面板"按钮 ，在弹出的"画笔"控制面板中进行设置，如图 3-16 所示；选择"散步"选项，切换到相应的面板，设置如图 3-17 所示。在图像窗口中拖曳鼠标绘制图形，效果如图 3-18 所示。

图 3-16 图 3-17 图 3-18

（7）圣诞贺卡正面制作完成。按 Ctrl+；组合键，隐藏参考线。按 Ctrl+Shift+E 组合键，合并可见图层。按 Ctrl+S 组合键，弹出"存储为"对话框，将制作好的图像命名为"圣诞节贺卡正面底图"，保存为 JPEG 格式，单击"保存"按钮，弹出"JPEG 选项"对话框，单击"确定"按钮，将图像保存。

CorelDRAW 应用

3.1.3 绘制雪人

（1）打开 CorelDRAW X6 软件，按 Ctrl+N 组合键，新建一个页面。在属性栏中的"页面度量"选项中分别设置宽度为 150mm，高度为 200mm，按 Enter 键，页面显示尺寸为设置的大小。按 Ctrl+I 组合键，弹出"导入"对话框，选择光盘中的"Ch03 > 效果 > 圣诞贺卡正面设计 > 圣诞贺卡正面底图"文件，单击"导入"按钮，在页面中单击导入图片。按 P 键，图片在页面中居中对齐，效果如图 3-19 所示。

（2）选择"3 点椭圆形"工具，在适当的位置拖曳光标绘制一个椭圆形，填充为黑色，并去除图形的轮廓线，如图 3-20 所示。选择"贝塞尔"工具，在适当的位置绘制一个图形，填充为黑色，并去除图形的轮廓线，效果如图 3-21 所示。

图 3-19　　　　　　　　图 3-20　　　　　　　　图 3-21

（3）选择"椭圆形"工具，在适当的位置拖曳光标绘制一个椭圆形，如图 3-22 所示。选择"选择"工具，按住 Shift 键的同时，将图形同时选取，如图 3-23 所示，单击属性栏中的"合并"按钮，合并图形，效果如图 3-24 所示。

图 3-22　　　　　　　　图 3-23　　　　　　　　图 3-24

（4）选择"矩形"工具，绘制一个矩形，设置图形颜色的 CMYK 值为 28、78、91、0，填充图形，并去除图形的轮廓线，效果如图 3-25 所示。选择"效果 > 图框精确裁剪 > 置于图文框内部"命令，单击礼帽图形，效果如图 3-26 所示。

图 3-25　　　　　　　　　　　图 3-26

（5）选择"贝塞尔"工具 ，在适当的位置绘制一个图形。设置填充色的 CMYK 值为 0、0、0、60，填充图形，并去除图形的轮廓线，效果如图 3-27 所示。使用相同方法再次绘制图形，效果如图 3-28 所示。

图 3-27　　　　　　　　　　　图 3-28

（6）选择"椭圆形"工具 ，在适当的位置拖曳光标绘制一个圆形。选择"渐变填充"工具 ，弹出"渐变填充"对话框，点选"自定义"单选框，在"位置"选项中分别添加并输入 0、14、55、100 两个位置点，单击右下角的"其它"按钮，分别设置几个位置点颜色的 CMYK 值为 0（38、8、21、0）、14（20、7、17、0）、55（2、7、13、0）、100（2、7、13、0），其他选项的设置如图 3-29 所示，单击"确定"按钮。填充图形，并去除图形的轮廓线，效果如图 3-30 所示。

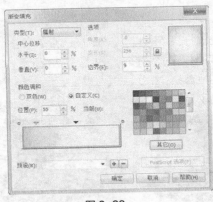 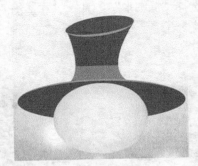

图 3-29　　　　　　　　　　　图 3-30

（7）选择"贝塞尔"工具 ，在适当的位置绘制一个图形。填充为黑色，并去除图形的轮廓线，效果如图 3-31 所示。选择"椭圆形"工具 ，在适当的位置拖曳光标绘制一个圆形，填充为黑色，并去除图形的轮廓线，如图 3-32 所示。

（8）选择"椭圆形"工具 ，绘制多个椭圆形，设置填充色的 CMYK 值为 0、10、20、0，填充图形，并去除图形的轮廓线，效果如图 3-33 所示。选择"选择"工具 ，按住 Shift 键的同时，将图形同时选取，如图 3-34 所示，按 Ctrl+G 组合键，将选取的图形群组。

图 3-31 图 3-32 图 3-33 图 3-34

（9）按数字键盘上的+键，复制一组图形，水平向右拖曳到适当的位置，效果如图 3-35 所示。单击属性栏中的"水平镜像"按钮 ，镜像图形并将其拖曳到适当的位置，效果如图 3-36 所示。

图 3-35 图 3-36

（10）选择"椭圆形"工具 ，在适当的位置拖曳光标绘制一个椭圆形，设置填充色的 CMYK 值为 7、13、22、0，填充图形，并去除图形的轮廓线，如图 3-37 所示。再次绘制一个椭圆形，设置填充色为 CMYK 值为 20、67、64、0，填充图形，并去除图形的轮廓线，效果如图 3-38 所示。

图 3-37 图 3-38

（11）选择"调和"工具 ，在两个椭圆形之间拖曳鼠标，在属性栏中进行如图 3-39 所示的设置，按 Enter 键，效果如图 3-40 所示。

图 3-39 图 3-40

（12）选择"贝塞尔"工具 ，在适当的位置绘制一个图形。设置填充色的 CMYK 值为 0、10、20、0，填充图形，并去除图形的轮廓线，效果如图 3-41 所示。使用上述方法分别绘制红脸蛋，效果如图 3-42 所示。

（13）选择"贝塞尔"工具 ，在适当的位置分别绘制图形。填充为黑色，并去除图形的
轮廓线，效果如图 3-43 所示。

图 3-41　　　　　　　　　图 3-42　　　　　　　　　图 3-43

（14）选择"贝塞尔"工具 ，在适当的位置绘制一个图形。选择"渐变填充"工具 ，
弹出"渐变填充"对话框，点选"自定义"单选框，在"位置"选项中分别添加并输入 0、14、
55、100 两个位置点，单击右下角的"其它"按钮，分别设置几个位置点颜色的 CMYK 值为
0（38、8、21、0）、14（20、7、17、0）、55（2、7、13、0）、100（2、7、13、0），其他选项
的设置如图 3-44 所示，单击"确定"按钮，填充图形，并去除图形的轮廓线，效果如图 3-45
所示。多次按 Shift+PageDown 组合键，将其后移，效果如图 3-46 所示。

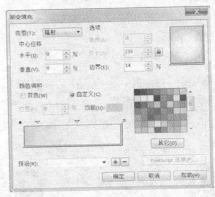

图 3-44　　　　　　　　　图 3-45　　　　　　　图 3-46

（15）选择"贝塞尔"工具 ，在适当的位置绘制图形。设置图形颜色的 CMYK 值为 28、
78、91、0，填充图形；设置轮廓线颜色的 CMYK 值为 50、85、100、18，填充轮廓线，效果
如图 3-47 所示。使用上述方法绘制其他图形，并分别调整其前后顺序，效果如图 3-48 所示。

图 3-47　　　　　　　图 3-48

（16）选择"贝塞尔"工具 ，在适当的位置绘制图形。设置图形颜色的 CMYK 值为 60、

50、40、0，填充图形，并去除图形的轮廓线，效果如图 3-49 所示。用相同的方法分别在适当的位置绘制图形，分别设置图形颜色的 CMYK 值为 28、78、91、0 和 50、85、100、18，填充图形，并去除图形的轮廓线，效果如图 3-50 所示。

（17）选择"选择"工具 ，按住 Shift 键的同时，将图形同时选取，如图 3-51 所示。按 Ctrl+G 组合键，将其群组。按数字键盘上的+键，复制一组图形，向右拖曳图形到适当位置，如图 3-52 所示。

图 3-49　　　　图 3-50　　　　图 3-51　　　　图 3-52

（18）再次单击图形，使其处于旋转状态，如图 3-53 所示，拖曳鼠标将其旋转到适当的角度，效果如图 3-54 所示。

图 3-53　　　　图 3-54

（19）选择"贝塞尔"工具 ，在适当的位置绘制图形。设置图形颜色的 CMYK 值为 28、78、91、0，填充图形，并去除图形的轮廓线，效果如图 3-55 所示。多次按 Shift+PageDown 组合键，将其后移，效果如图 3-56 所示。

图 3-55　　　　图 3-56

（20）选择"椭圆形"工具 ，按住 Ctrl 键的同时，在适当的位置拖曳鼠标绘制一个圆形，填充为白色，并去除图形的轮廓线，效果如图 3-57 所示。选择"透明度"工具 ，在属性栏中进行如图 3-58 所示的设置，按 Enter 键，效果如图 3-59 所示。

42

图 3-57　　　　　　　　　图 3-58　　　　　　　　　图 3-59

（21）选择"椭圆形"工具 ，按住 Ctrl 键的同时，在适当的位置拖曳光标绘制一个圆形，设置填充色为 CMYK 值为 0、0、60、0，填充图形，并去除图形的轮廓线，效果如图 3-60 所示。选择"透明度"工具 ，在属性栏中进行如图 3-61 所示的设置，按 Enter 键，效果如图 3-62 所示。

图 3-60　　　　　　　　　图 3-61　　　　　　　　　图 3-62

（22）选择"调和"工具 ，在两个圆形之间拖曳鼠标，在属性栏中进行如图 3-63 所示的设置，按 Enter 键，效果如图 3-64 所示。

图 3-63　　　　　　　　　　　　图 3-64

（23）选择"椭圆形"工具 ，在适当的位置拖曳光标绘制一个圆形，填充为黑色，并去除图形的轮廓线，效果如图 3-65 所示。选择"位图 > 转换为位图"命令，在弹出的对话框中进行设置，如图 3-66 所示，单击"确定"按钮，效果如图 3-67 所示。

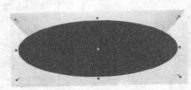

图 3-65　　　　　　　　　图 3-66　　　　　　　　　图 3-67

（24）选择"位图 > 模糊 > 高斯式模糊"命令，在弹出的对话框中进行设置，如图 3-68 所示，单击"确定"按钮，效果如图 3-69 所示。

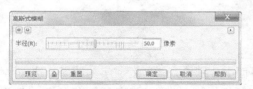

图 3-68 　　　　　　　　　　　　　　　图 3-69

（25）单击鼠标右键，在弹出的菜单中选择"顺序 > 置于此对象后"命令，鼠标光标变成黑色箭头，使用黑色箭头单击雪人，如图 3-70 所示，阴影图形被放置到雪人图形的后面，效果如图 3-71 所示。

图 3-70 　　　　　　　　图 3-71

3.1.4　添加素材和文字

（1）按 Ctrl+I 组合键，弹出"导入"对话框，选择光盘中的"Ch03 > 素材 > 圣诞贺卡正面设计 > 03"文件，单击"导入"按钮，在页面中单击导入图片，将其拖曳到适当的位置，效果如图 3-72 所示。

（2）选择"贝塞尔"工具，在适当的位置绘制直线，如图 3-73 所示。选择"文本"工具，在页面中输入需要的文字。选择"选择"工具，在属性栏中选择合适的字体并设置文字大小，设置字符填充颜色的 CMYK 值为 3、5、23、0，填充字符，效果如图 3-74 所示。

图 3-72 　　　　　　　　　　图 3-73 　　　　　　　　　　图 3-74

（3）选择"文本 > 使文本适合路径"命令，将光标移动到直线上，单击鼠标左键，文本自动绕路径排列，效果如图 3-75 所示。选择"选择"工具 ，选取直线，在"无填充"按钮 上单击鼠标右键，去除直线的轮廓线，效果如图 3-76 所示。

图 3-75   图 3-76

（4）选择"文本"工具 ，在页面中分别输入需要的文字。选择"选择"工具 ，在属性栏中分别选择合适的字体并设置文字大小，设置字符填充颜色的 CMYK 值为 28、78、91、0 和 71、34、41、0，填充字符，效果如图 3-77 所示。

（5）选择"选择"工具 ，按 Ctrl+Q 组合键，将文字转换为曲线，如图 3-78 所示。选择"形状"工具 ，选取需要的节点，向上拖曳节点到适当的位置，松开鼠标，效果如图 3-79 所示。

图 3-77   图 3-78   图 3-79

（6）选择"矩形"工具 ，绘制一个矩形，在属性栏中的"圆角半径" 框中进行设置，如图 3-80 所示，按 Enter 键确认操作。设置图形填充颜色为无，设置轮廓线颜色的 CMYK 值为 2、7、13、0，填充轮廓线，效果如图 3-81 所示。

图 3-80   图 3-81

（7）选择"文本"工具 ，在页面中分别输入需要的文字。选择"选择"工具 ，在属性栏中分别选择合适的字体并设置文字大小，设置文字颜色的 CMYK 值为 2、7、13、0，填充文字，效果如图 3-82 所示。

（8）选择"选择"工具 ，按住 Shift 键的同时，将图形与文字同时选取，如图 3-83 所示。再次单击选中的图形和文字，使其处于旋转状态，将其拖曳到需要的角度，效果如图 3-84 所示。

图 3-82　　　　　　　　　　图 3-83　　　　　　　　　　图 3-84

（9）单击鼠标右键，在弹出的菜单中选择"顺序 > 置于此对象后"命令，鼠标光标变成黑色箭头，使用黑色箭头单击小鸟，如图 3-85 所示，图形被放置到小鸟图形的后面，效果如图 3-86 所示。圣诞贺卡正面设计制作完成，效果如图 3-87 所示。

（10）按 Ctrl+S 组合键，弹出"保存图形"对话框，将制作好的图像命名为"圣诞贺卡正面设计"，保存为 CDR 格式，单击"保存"按钮，将图像保存。

图 3-85　　　　　　　　　　图 3-86　　　　　　　　　　图 3-87

3.2　圣诞贺卡背面设计

【案例学习目标】学习在 Photoshop 中定义并填充图案制作加上背面底图。在 CorelDRAW 中使用绘图工具绘制圣诞老人和装饰图形；使用文本工具添加祝福语。

【案例知识要点】在 Photoshop 中，使用椭圆工具和定义图案命令定义图案；使用创建填充图层命令制作背景图案填充效果。在 CorelDRAW 中，使用贝塞尔工具、椭圆工具和星形工具制作圣诞老人；使用文本工具和复制命令制作标题文字；使用多边形工具、矩形工具和合并按钮制作松树。圣诞贺卡背面设计如图 3-88 所示。

图 3-88

【效果所在位置】光盘/Ch03/效果/圣诞贺卡背面设计/圣诞贺卡背面.cdr。

Photoshop 应用

3.2.1　绘制贺卡背面背景效果

（1）按 Ctrl+N 组合键，新建一个文件：宽度为 15cm，高度为 20cm，分辨率为 300 像素/英寸，颜色模式为 CMYK，背景内容为白色。将前景色设为淡黄色（其 R、G、B 的值分别为 255、251、231），按 Alt+Delete 组合键，用前景色填充背景，效果如图 3-89 所示。

（2）单击"背景"图层左侧的眼睛图标 👁，隐藏背景图层。将前景色设为浅黄色（其 R、G、B 值分别为 254、248、217）。选择"椭圆"工具 ⬭，将属性栏中的"选择工具模式"选项设为"形状"，在图像窗口中拖曳鼠标绘制圆形，如图 3-90 所示。选择"矩形选框"工具 ▦，在图像窗口中拖曳鼠标绘制矩形选区，如图 3-91 所示。

（3）选择"编辑 > 定义图案"命令，在弹出的对话框中进行设置，如图 3-92 所示，单击"确定"按钮。按 Ctrl+D 组合键，取消选区。单击"椭圆 1"图层左边的眼睛图标 👁，隐藏"椭圆 1"图层。

| 图 3-89 | 图 3-90 | 图 3-91 | 图 3-92 |

（4）单击"背景"图层左侧的空白图标 ☐，显示背景图层。单击"图层"控制面板下方的"创建新的填充或调整图层"按钮 ◑，在弹出的菜单中选择"图案"命令，在"图层"控制面板中生成"图案填充 1"图层，同时弹出"图案填充"对话框，选项的设置如图 3-93 所示，单击"确定"按钮，效果如图 3-94 所示。

| 图 3-93 | 图 3-94 |

（5）按 Ctrl+O 组合键，打开光盘中的"Ch03 > 素材 > 圣诞贺卡背面设计 > 01"文件，选择"移动"工具 ⊹，将图片拖曳到图像窗口中适当的位置，如图 3-95 所示。在"图层"控制面板中生成新的图层并将其命名为"纹理"。

（6）在"图层"控制面板上方，将"纹理"图层的混合模式选项设为"强光"，如图 3-96 所示，效果如图 3-97 所示。

（7）圣诞贺卡背面制作完成。按 Ctrl+; 组合键，隐藏参考线。按 Ctrl+Shift+E 组合键，合并可见图层。按 Ctrl+S 组合键，弹出"存储为"对话框，将制作好的图像命名为"圣诞节贺卡背面底图"，保存为 JPEG 格式，单击"保存"按钮，弹出"JPEG 选项"对话框，单击"确定"按钮，将图像保存。

图 3-95　　　　　　　　　图 3-96　　　　　　　　　图 3-97

CorelDRAW 应用

3.2.2　绘制圣诞老人

（1）打开 CorelDRAW X6 软件，按 Ctrl+N 组合键，新建一个页面。在属性栏中的"页面度量"选项中分别设置宽度为 150mm，高度为 200mm，按 Enter 键，页面尺寸显示为设置的大小。按 Ctrl+I 组合键，弹出"导入"对话框，选择光盘中的"Ch03 > 效果 > 圣诞贺卡背面设计 > 圣诞贺卡背面底图"文件，单击"导入"按钮，在页面中单击导入图片。按 P 键，图片在页面中居中对齐，效果如图 3-98 所示。

（2）选择"贝塞尔"工具 ，在适当的位置绘制一个图形。设置图形颜色的 CMYK 值为 25、94、79、0，填充图形，并设置轮廓线颜色为无，效果如图 3-99 所示。选择"贝塞尔"工具 ，绘制圣诞老人的脸部图形。设置图形颜色的 CMYK 值为 0、24、44、0，填充图形，并设置轮廓线颜色为无，效果如图 3-100 所示。

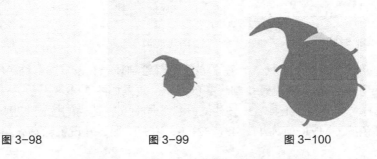

图 3-98　　　　　　　　　图 3-99　　　　　　　　　图 3-100

（3）选择"贝塞尔"工具 ，绘制鼻子下方阴影。设置图形颜色的 CMYK 值为 1、35、43、0，填充图形，并设置轮廓线颜色为无，效果如图 3-101 所示。选择"3 点椭圆形"工具 ，绘制眼睛部分，填充为黑色，并去除图形的轮廓线，如图 3-102 所示。

图 3-101　　　　　　　　　图 3-102

（4）选择"贝塞尔"工具 ，分别绘制胡子、帽子、眉毛部分，填充为白色，并设置轮廓线颜色为无,效果如图 3-103 所示。选择"贝塞尔"工具 ,分别绘制灰色阴影部分,设置图形颜色的 CMYK 值为 34、13、2、0,填充图形,并设置轮廓线颜色为无,效果如图 3-104 所示。

图 3-103   图 3-104

(5)选择"贝塞尔"工具 ,在适当位置分别绘制红色阴影部分。设置图形颜色的 CMYK 值为 46、100、100、16,填充图形,并设置轮廓线颜色为无,效果如图 3-105 所示。

(6)选择"贝塞尔"工具 ,分别绘制手,设置图形颜色的 CMYK 值为 46、100、100、16,填充图形,并设置轮廓线颜色为无,效果如图 3-106 所示。选择"贝塞尔"工具 ,分别绘制脚,填充为黑色,并设置轮廓线颜色为无,效果如图 3-107 所示。

图 3-105   图 3-106   图 3-107

(7)选择"贝塞尔"工具 ,在适当的位置绘制袋子。设置图形颜色的 CMYK 值为 25、94、79、0,填充图形,并设置轮廓线颜色为无,效果如图 3-108 所示。

(8)选择"椭圆形"工具 ,按住 Ctrl 键的同时,在适当的位置拖曳鼠标绘制多个圆形,设置图形颜色的 CMYK 值为 11、45、82、0,填充图形,并设置轮廓线颜色为无,效果如图 3-109 所示。

图 3-108   图 3-109

（9）选择"星形"工具 ✦，其属性栏的设置如图 3-110 所示，按住 Ctrl 键的同时，拖曳鼠标绘制一个星形，设置图形颜色的 CMYK 值为 11、45、82、0，填充图形，并设置轮廓线颜色为无，效果如图 3-111 所示。选择"选择"工具 ▹，选取星形，多次按数字键盘上的+键，复制多个星形，并拖曳到适当位置，如图 3-112 所示。

图 3-110

图 3-111

图 3-112

3.2.3 制作文字效果

（1）选择"文本"工具 ✎，在页面中输入需要的文字，选择"选择"工具 ▹，在属性栏中选取适当的字体并设置文字大小，设置字符填充颜色的 CMYK 值为 53、15、20、0，填充字符，效果如图 3-113 所示。

（2）选择"选择"工具 ▹，选取文字，按数字键盘上的+键，复制文字，设置字符填充颜色的 CMYK 值为 8、11、29、0，填充字符，并去除字符的轮廓线，拖曳到适当位置，效果如图 3-114 所示。再次复制文字，设置字符填充颜色的 CMYK 值为 25、94、79、0，填充字符，并去除字符的轮廓线，拖曳到适当位置，效果如图 3-115 所示。

图 3-113   图 3-114   图 3-115

（3）选择"文本"工具 ✎，在页面中输入需要的文字，选择"选择"工具 ▹，在属性栏中选取适当的字体并设置文字大小，设置字符填充颜色的 CMYK 值为 53、15、20、0，填充字符，效果如图 3-116 所示。使用上述方法复制文字，制作出如图 3-117 所示的效果。

图 3-116   图 3-117

（4）选择"矩形"工具 □，绘制一个矩形，设置矩形颜色的 CMYK 值为 8、11、29、0，填充图形，并设置轮廓线颜色为无，效果如图 3-118 所示。再绘制一个矩形，设置矩形颜色的 CMYK 值为 25、94、79、0，填充图形，并设置轮廓线颜色为无，效果如图 3-119 所示。

CHRISTMAS   CHRISTMAS

图 3-118   图 3-119

（5）选择"选择"工具 ▸，按住 Shift 键的同时，将矩形同时选取，按数字键盘上的+键，复制矩形，并向下拖曳到适当位置，效果如图 3-120 所示。

（6）选择"多边形"工具 ◯，在属性栏中的"点数或变数" ○5 框中设置数值为 3，在页面中绘制 3 个三角形，效果如图 3-121 所示。

CHRISTMAS   CHRISTMAS

图 3-120   图 3-121

（7）选择"矩形"工具 □，绘制一个矩形，效果如图 3-122 所示。选择"选择"工具 ▸，按住 Shift 键的同时，将图形同时选取，如图 3-123 所示，单击属性栏中的"合并"按钮 ▢，合并图形，效果如图 3-124 所示，设置图形颜色的 CMYK 值为 25、94、79、0，填充图形，并设置轮廓线颜色为无，效果如图 3-125 所示。使用上述方法制作其他松树，效果如图 3-126 所示。

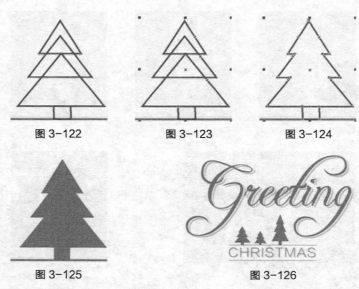

图 3-122   图 3-123   图 3-124

图 3-125   图 3-126

（8）选择"星形"工具 ☆，其属性栏的设置如图 3-127 所示，按住 Ctrl 键的同时，拖曳光标绘制一个星形，设置图形颜色的 CMYK 值为 11、45、82、0，填充图形，并设置轮廓线颜色为无，如图 3-128 所示。选择"选择"工具 ▸，选取星形，按两次数字键盘上的+键，复制两个星形，并拖曳到适当位置，效果如图 3-129 所示。

图 3-127

图 3-128   图 3-129

（9）选择"选择"工具 ，按住 Shift 键的同时，将星形同时选取，如图 3-130 所示，按数字键盘上的+键，复制星形，并其拖曳到适当位置，效果如图 3-131 所示。圣诞贺卡背面设计制作完成，效果如图 3-132 所示。

（10）按 Ctrl+S 组合键，弹出"保存图形"对话框，将制作好的图像命名为"圣诞贺卡背面"，保存为 CDR 格式，单击"保存"按钮，将图像保存。

图 3-130   图 3-131   图 3-132

3.3　课后习题——新年贺卡设计

【习题知识要点】在 Photoshop 中，使用定义图案命令和填充图案命令制作背景图案；使用钢笔工具、混合模式选项和不透明度选项制作底图效果；使用外发光命令添加图片外发光效果。在 CorelDRAW 中，使用交互式阴影工具为标题文字添加白色阴影效果；使用交互式透明工具制作封底福字的半透明效果；使用文本工具添加祝福文字。新年贺卡设计效果如图 3-144 所示。

【素材所在位置】光盘/Ch03/素材/新年贺卡设计/01~04。

【效果所在位置】光盘/Ch03/效果/新年贺卡设计/新年贺卡.cdr。

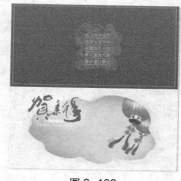

图 3-133

PART 4

第 4 章
书籍装帧设计

本章介绍

　　精美的书籍装帧设计可以带给读者更多的阅读乐趣。一本好书是好的内容和好的书籍装帧的完美结合。本章主要讲解的是书籍的封面设计。封面设计包括书名、色彩、装饰元素，以及作者和出版社名称等内容。本章以古都北京书籍封面为例，讲解封面的设计方法和制作技巧。

学习目标

- 在 Photoshop 软件中制作古都北京书籍封面的底图。
- 在 CorelDRAW 软件中添加相关内容和出版信息。

技能目标

- 掌握"古都北京书籍封面设计"的制作方法。
- 掌握"中国古玉鉴别书籍装帧设计"的制作方法。

4.1 古都北京书籍封面设计

【案例学习目标】学习在 Photoshop 中使用参考线分割页面；编辑图片制作背景；使用选框工具、滤镜命令、羽化命令和填充工具制作古门及装饰按钮。在 CorelDRAW 中使用文本工具添加相关内容和出版信息。

【案例知识要点】在 Photoshop 中，使用新建参考线命令分割页面；使用图层的混合模式和不透明度选项制作背景装饰字；使用蒙版和画笔工具擦除图片中不需要的图片区域；使用喷色描边滤镜命令和套索工具制作古门效果；使用加深工具、减淡工具、渐变工具和高斯模糊滤镜命令制作门上的装饰按钮。在 CorelDRAW 中，使用文本工具和段落格式化命令来编辑文本；使用导入命令和水平镜像按钮来编辑装饰图形；使用移除前面对象命令来制作文字镂空效果。古都北京书籍封面设计效果如图 4-1 所示。

【效果所在位置】光盘/Ch04/效果/古都北京书籍封面设计/古都北京书籍封面.cdr。

图 4-1

Photoshop 应用

4.1.1 制作背景文字效果

（1）按 Ctrl+N 组合键，新建一个文件：宽度为 36.1cm，高度为 25.6cm，分辨率为 300 像素/英寸，颜色模式为 RGB，背景内容为白色。选择“视图 > 新建参考线”命令，弹出“新建参考线”对话框，设置如图 4-2 所示，单击“确定”按钮，效果如图 4-3 所示。用相同的方法，在 25.3cm 处新建一条水平参考线，效果如图 4-4 所示。

| 图 4-2 | 图 4-3 | 图 4-4 |

（2）选择“视图 > 新建参考线”命令，弹出“新建参考线”对话框，设置如图 4-5 所示，

单击"确定"按钮，效果如图 4-6 所示。用相同的方法，在 17.3cm、18.8cm 和 35.8cm 处新建垂直参考线，效果如图 4-7 所示。

图 4-5　　　　　　　　　图 4-6　　　　　　　　　图 4-7

（3）选择"渐变"工具，单击属性栏中的"点按可编辑渐变"按钮，弹出"渐变编辑器"对话框，将渐变色设为从淡黄色（其 R、G、B 的值分别为 251、255、233）到浅粉色（其 R、G、B 的值分别为 254、228、199），如图 4-8 所示，单击"确定"按钮。单击属性栏中的"径向渐变"按钮，按住 Shift 键的同时，在"背景"图层上从中心向外拖曳渐变色，效果如图 4-9 所示。

图 4-8　　　　　　　　　　图 4-9

（4）按 Ctrl+O 组合键，打开光盘中的"Ch04 > 素材 > 古都北京书籍封面设计 > 01"文件，选择"移动"工具，将文字图片拖曳到图像窗口中适当的位置，如图 4-10 所示，在"图层"控制面板中生成新的图层"图层 1"。按住 Alt 键的同时，在图像窗口中分别拖曳鼠标到适当的位置，复制 5 个图片，效果如图 4-11 所示，在"图层"控制面板中生成 5 个副本图层。

图 4-10　　　　　　　　　图 4-11

（5）在"图层"控制面板中，按住 Ctrl 键，同时选中"图层 1"及其所有副本图层，按 Ctrl+E 组合键，合并图层并将其命名为"背景文字"，如图 4-12 所示。选择"移动"工具 ⊕，按住 Alt 键，同时在图像窗口中拖曳图片到适当的位置，复制一个图形，效果如图 4-13 所示。在"图层"控制面板中生成新的图层"背景文字 副本"。

图 4-12

图 4-13

（6）在"图层"控制面板上方，将副本图层的"不透明度"选项设为 40%，如图 4-14 所示，图像窗口中的效果如图 4-15 所示。单击"图层"控制面板下方的"添加图层蒙版"按钮 ⊡，为"背景文字 副本"图层添加蒙版，如图 4-16 所示。

图 4-14

图 4-15

图 4-16

（7）将前景色设为黑色。选择"画笔"工具 ✐，在属性栏中单击"画笔"选项右侧的按钮 ，弹出画笔选择面板，选择需要的画笔形状，如图 4-17 所示。在图像窗口中拖曳鼠标擦除不需要的图像，效果如图 4-18 所示。用相同的方法制作"背景文字"图层的效果，如图 4-19 所示。

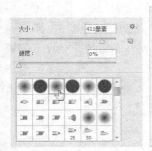
图 4-17

图 4-18

图 4-19

4.1.2　置入并编辑封面图片

（1）按 Ctrl+O 组合键，打开光盘中的"Ch04 > 素材 > 古都北京书籍封面设计 > 02"文件，选择"移动"工具 ⊕，将图片拖曳到图像窗口中适当的位置，如图 4-20 所示。在"图层"控制面板中生成新的图层并将其命名为"图片"。

（2）在"图层"控制面板上方，将"图片"图层的混合模式选项设为"明度"，如图 4-21 所示，图像窗口中的效果如图 4-22 所示。

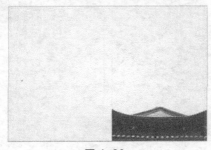
图 4-20

图 4-21

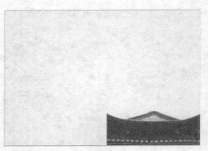
图 4-22

（3）单击"图层"控制面板下方的"添加图层蒙版"按钮 ，为"图片"图层添加蒙版，如图 4-23 所示。将前景色设为黑色。选择"画笔"工具 ，在属性栏中单击"画笔"选项右侧的按钮 ，弹出画笔选择面板，选择需要的画笔形状，如图 4-24 所示。在图像窗口中拖曳鼠标擦除不需要的图像部分，效果如图 4-25 所示。

图 4-23

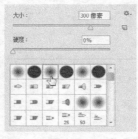
图 4-24

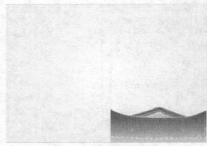
图 4-25

（4）按 Ctrl+O 组合键，打开光盘中的"Ch04 > 素材 > 古都北京书籍封面设计 > 03"文件，选择"移动"工具 ，将铜环图形拖曳到图像窗口中适当的位置，如图 4-26 所示。在"图层"控制面板中生成新的图层并将其命名为"铜环"。

（5）按住 Ctrl 键，同时在"图层"控制面板中单击"铜环"图层的图层缩览图，载入选区，如图 4-27 所示。单击"图层"控制面板下方的"创建新的填充或调整图层"按钮 ，在弹出的菜单中选择"色相/饱和度"命令，"图层"控制面板中创建"色相/饱和度 1"图层，同时弹出"色相/饱和度"面板，选项的设置如图 4-28 所示，按 Enter 键，图像效果如图 4-29 所示。

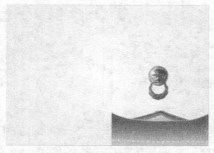
图 4-26

图 4-27

图 4-28　　　　　　　　　　　　　　　图 4-29

4.1.3　置入并编辑封底图片

（1）按 Ctrl+O 组合键，打开光盘中的"Ch04 > 素材 > 古都北京书籍封面设计 > 04"文件，选择"移动"工具 ，将图片拖曳到图像窗口中适当的位置，如图 4-30 所示。在"图层"控制面板中生成新的图层并将其命名为"山"。

（2）在"图层"控制面板上方，将"山"图层的混合模式选项设为"明度"，"不透明度"选项设为 80%，如图 4-31 所示，图像窗口中的效果如图 4-32 所示。

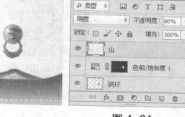

图 4-30　　　　　　　　　　图 4-31　　　　　　　　　　图 4-32

（3）单击"图层"控制面板下方的"添加图层蒙版"按钮 ，为"山"图层添加蒙版，如图 4-33 所示。将前景色设为黑色。选择"画笔"工具 ，在属性栏中单击"画笔"选项右侧的按钮 ，弹出画笔选择面板，选择需要的画笔形状，如图 4-34 所示。在图像窗口中拖曳鼠标擦除不需要的图像部分，效果如图 4-35 所示。

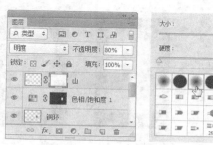
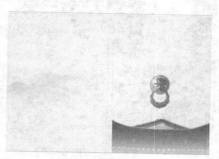

图 4-33　　　　　　　　　　图 4-34　　　　　　　　　　图 4-35

4.1.4　制作古门环效果

（1）新建图层并将其命名为"门"。选择"矩形选框"工具 ，在图像窗口中绘制出一个矩形选区，如图 4-36 所示。将前景色设为粟色（其 R、G、B 的值分别为 128、76、49），按 Alt+Delete 组合键，用前景色填充选区，如图 4-37 所示。

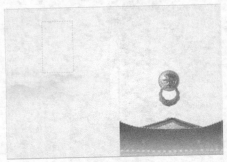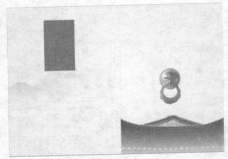

图 4-36　　　　　　　　　　　　　　　图 4-37

（2）在"通道"控制面板中单击"将选区存储为通道"按钮 ，生成"Alpha 1"通道。选中"Alpha 1"通道，如图 4-38 所示，图像窗口中的效果如图 4-39 所示。按 Ctrl+D 组合键，取消选区。

图 4-38　　　　　　　　　图 4-39

（3）选择"滤镜 > 画笔描边 > 喷色描边"命令，在弹出的对话框中进行设置，如图 4-40 所示，单击"确定"按钮，效果如图 4-41 所示。按住 Ctrl 键，单击"通道"控制面板中"Alpha 1"通道的通道缩览图，载入选区，如图 4-42 所示。将"Alpha 1"通道删除。

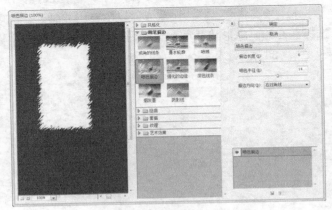

图 4-40　　　　　　　　　　　　　　图 4-41　　　　图 4-42

（4）在"图层"控制面板中选中"门"图层，如图 4-43 所示。按 Ctrl+Shift+I 组合键，将选区反选。按 Delete 键，将选区中的图像删除。按 Ctrl+D 组合键，取消选区，效果如图 4-44 所示。

（5）选择"套索"工具 ⬭，在图形上绘制一个选区，如图 4-45 所示，按 Delete 键，将选区中的图像区域删除，如图 4-46 所示。按 Ctrl+D 组合键，取消选区。用相同的方法制作其他划痕效果，如图 4-47 所示。

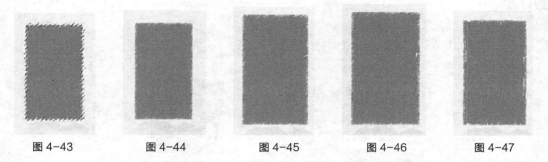

图 4-43   图 4-44   图 4-45   图 4-46   图 4-47

（6）单击"图层"控制面板下方的"添加图层样式"按钮 *fx*，在弹出的菜单中选择"外发光"命令，弹出对话框，将发光颜色设为橘黄色（其 R、G、B 的值分别为 255、196、125），其他选项的设置如图 4-48 所示，单击"确定"按钮，效果如图 4-49 所示。

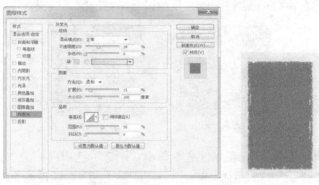

图 4-48   图 4-49

4.1.5　制作门上的按钮

（1）新建图层生成"图层 1"。选择"椭圆选框"工具 ⬭，按住 Shift 键的同时，在图像窗口中绘制出一个圆形选区，如图 4-50 所示。将前景色设为橙黄色（其 R、G、B 的值分别为 223、163、26），按 Alt+Delete 组合键，用前景色填充选区，效果如图 4-51 所示。

（2）选择"加深"工具 ⬭，在属性栏中单击"画笔"选项右侧的按钮 ，弹出画笔选择面板，选择需要的画笔形状，如图 4-52 所示。将"曝光度"选项设为 50%，在图像窗口中单击并按住鼠标左键拖曳，在选区周围进行加深操作，效果如图 4-53 所示。

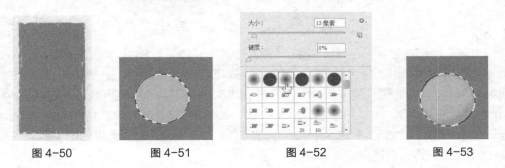

图 4-50   图 4-51   图 4-52   图 4-53

（3）选择"减淡"工具 ，在属性栏中单击"画笔"选项右侧的按钮 ，弹出画笔选择面板，选择需要的画笔形状，如图 4-54 所示。将"曝光度"选项设为 50%，在图像窗口中单击并按住鼠标左键拖曳，在选区内进行减淡操作，效果如图 4-55 所示。按 Ctrl+D 组合键，取消选区。

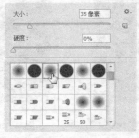

图 4-54　　　　　　　　　　图 4-55

（4）新建图层生成"图层 2"。选择"椭圆选框"工具 ，按住 Shift 键的同时，在图像窗口中绘制出一个圆形选区，如图 4-56 所示。将前景色设为桔红色（其 R、G、B 的值分别为 222、124、23），按 Alt+Delete 组合键，用前景色填充选区，效果如图 4-57 所示。

图 4-56　　　　　　　　　　图 4-57

（5）选择"减淡"工具 ，在属性栏中单击"画笔"选项右侧的按钮 ，弹出画笔选择面板，选择需要的画笔形状，如图 4-58 所示。将"曝光度"选项设为 50%，在图像窗口中单击并按住鼠标左键拖曳，在选区内进行减淡操作，效果如图 4-59 所示。按 Ctrl+D 组合键，取消选区。

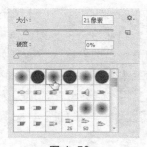

图 4-58　　　　　　　　　　图 4-59

（6）新建图层生成"图层 3"。选择"椭圆选框"工具 ，按住 Shift 键的同时，在图像窗口中绘制出一个圆形选区，如图 4-60 所示。选择"渐变"工具 ，单击属性栏中的"点按可编辑渐变"按钮 ，弹出"渐变编辑器"对话框，将渐变色设为从黄色（其 R、G、B 的值分别为 254、247、158）到橙色（其 R、G、B 的值分别为 255、187、80），如图 4-61 所示，单击"确定"按钮。在选区中从左上方向右下方拖曳渐变色，效果如图 4-62 所示。按 Ctrl+D 组合键，取消选区。

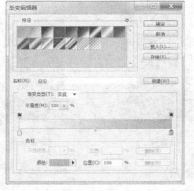
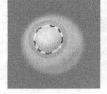
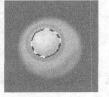

| 图 4-60 | 图 4-61 | 图 4-62 |

（7）在"图层"控制面板中，按住 Shift 键的同时，选中"图层 3"和"图层 1"，按 Ctrl+E 组合键，合并图层并将其命名为"按钮"。选择"滤镜 > 模糊 > 高斯模糊"命令，弹出"高斯模糊"对话框，选项的设置如图 4-63 所示，单击"确定"按钮，效果如图 4-64 所示。

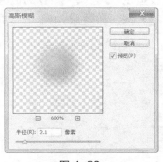

| 图 4-63 | 图 4-64 |

（8）单击"图层"控制面板下方的"添加图层样式"按钮 fx.，在弹出的菜单中选择"投影"命令，弹出对话框，选项的设置如图 4-65 所示，单击"确定"按钮，效果如图 4-66 所示。

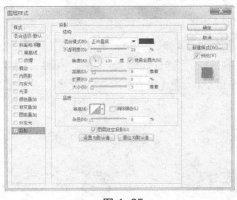

| 图 4-65 | 图 4-66 |

（9）选择"移动"工具，按住 Alt 键的同时，按住鼠标左键拖曳图形到适当的位置，复制一个按钮图形，效果如图 4-67 所示。用相同的方法复制多个图形，效果如图 4-68 所示，在"图层"控制面板中生成多个副本图层。按住 Shift 键的同时，选中"按钮"图层及所有副本图层，按 Ctrl+G 组合键，将其编组并命名为"古门"。

图 4-67　　　　　图 4-68

4.1.6　添加并编辑图片

（1）按 Ctrl+O 组合键，打开光盘中的"Ch04 > 素材 > 古都北京书籍封面设计 > 05"文件，选择"移动"工具 ，将图片拖曳到图像窗口中适当的位置，如图 4-69 所示。在"图层"控制面板中生成新的图层并将其命名为"石狮子"。

（2）单击"图层"控制面板下方的"添加图层样式"按钮 ，在弹出的菜单中选择"外发光"命令，弹出对话框，将发光颜色设为浅黄色（其 R、G、B 的值分别为 255、252、165），其他选项的设置如图 4-70 所示，单击"确定"按钮，效果如图 4-71 所示。

图 4-69　　　　　　　图 4-70　　　　　　　图 4-71

（3）按住 Ctrl 键的同时，在"图层"控制面板中单击"石狮子"图层的图层缩览图，载入选区。单击控制面板下方的"创建新的填充或调整图层"按钮 ，在弹出的菜单中选择"色彩平衡"命令，在"图层"控制面板中生成"色彩平衡 1"图层，同时弹出"色彩平衡"面板，选项的设置如图 4-72 所示，按 Enter 键，图像效果如图 4-73 所示。封面底图效果制作完成，如图 4-74 所示。

图 4-72　　　　　　　图 4-73　　　　　　　图 4-74

（4）按 Ctrl+；组合键，隐藏参考线。按 Ctrl+Shift+E 组合键，合并可见图层。按 Ctrl+S 组合键，弹出"存储为"对话框，将制作好的图像命名为"封面底图"，保存为 TIFF 格式，单击"保存"按钮，弹出"TIFF 选项"对话框，单击"确定"按钮，将图像保存。

CorelDRAW 应用

4.1.7　导入并编辑图片和书法文字

（1）打开 CorelDRAW X6 软件，按 Ctrl+N 组合键，新建一个页面。在属性栏的"页面度量"选项中设置数值，如图 4-75 所示，按 Enter 键，页面尺寸显示为设置的大小，如图 4-76 所示。

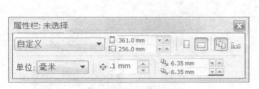

图 4-75　　　　　　　　　　　　　　　　图 4-76

（2）按 Ctrl+J 组合键，弹出"选项"对话框，选择"辅助线/水平"选项，在文字框中设置数值为 3，如图 4-77 所示，单击"添加"按钮，在页面中添加一条水平辅助线。再添加 253mm 的水平辅助线，单击"确定"按钮，效果如图 4-78 所示。

图 4-77　　　　　　　　　　　　　　　　图 4-78

（3）在"选项"对话框中选择"辅助线/垂直"选项，在文字框中设置数值为 3，如图 4-79 所示，单击"添加"按钮，在页面中添加一条垂直辅助线。再添加 173mm、188mm、358mm 的垂直辅助线，单击"确定"按钮，效果如图 4-80 所示。

（4）选择"文件 > 导入"命令，弹出"导入"对话框。选择光盘中的"Ch04 > 效果 > 古都北京书籍封面设计 > 封面底图"文件，单击"导入"按钮，在页面中单击导入图片，如图 4-81 所示。按 P 键，图片在页面中居中对齐，效果如图 4-82 所示。

图 4-79   图 4-80

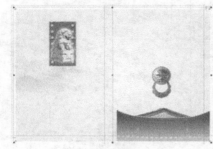

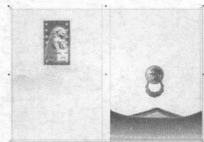

图 4-81   图 4-82

（5）选择"文件 > 导入"命令，弹出"导入"对话框。选择光盘中的"Ch04 > 素材 > 古都北京书籍封面设计 > 06、07"文件，单击"导入"按钮，在页面中分别单击导入图片，如图 4-83 所示。选择"选择"工具 ，将两个文字同时选取，选择"排列 > 对齐和分布 > 垂直居中对齐"命令，将两个文字垂直居中对齐，效果如图 4-84 所示。按 Ctrl+G 组合键，将其群组。

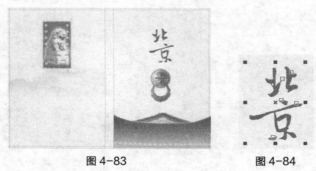

图 4-83   图 4-84

（6）选择"阴影"工具 ，在文字上由上至下拖曳光标，为文字添加阴影效果，其他选项的设置如图 4-85 所示，按 Enter 键，阴影效果如图 4-86 所示。

图 4-85   图 4-86

（7）选择"文本"工具 ，在页面中输入需要的文字。选择"选择"工具 ，在属性栏中选择合适的字体并设置文字大小，效果如图 4-87 所示。单击属性栏中的"将文本更改为垂直方向"按钮 ，将文字竖排并拖曳到适当的位置，效果如图 4-88 所示。

图 4-87　　　　　　　　　图 4-88

4.1.8　添加装饰纹理和文字

（1）选择"文件 > 导入"命令，弹出"导入"对话框。选择光盘中的"Ch04 > 素材 > 古都北京书籍封面设计 > 08"文件，单击"导入"按钮，在页面中单击导入图片，如图 4-89 所示。设置图形颜色的 CMYK 值为 0、20、40、60，填充图形，效果如图 4-90 所示。

图 4-89　　　　　　　　　图 4-90

（2）选择"椭圆形"工具 ，按住 Ctrl 键的同时，在页面中绘制一个圆形，设置图形颜色的 CMYK 值为 0、20、40、60，填充图形，并去除图形的轮廓线，效果如图 4-91 所示。选择"选择"工具 ，按住 Ctrl 键的同时，按住鼠标左键水平向右拖曳圆形，并在适当的位置上单击鼠标右键，复制一个新的圆形，效果如图 4-92 所示。按住 Ctrl 键的同时，再连续点按 D 键，复制出多个圆形，效果如图 4-93 所示。用圈选的方法选取圆形和再制后的圆形，按 Ctrl+G 组合键，将其群组，如图 4-94 所示。

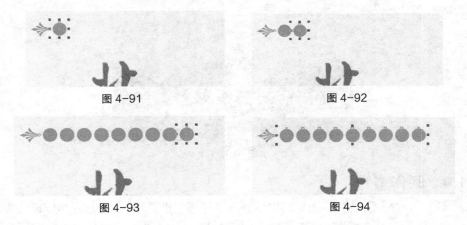

图 4-91　　　　　　　　　图 4-92

图 4-93　　　　　　　　　图 4-94

（3）选择"选择"工具 ，选取需要的图形，按数字键盘上的+键，复制图形，并将其拖曳到适当的位置，效果如图 4-95 所示。单击属性栏中的"水平镜像"按钮 ，水平翻转复制的图形，效果如图 4-96 所示。

（4）选择"文本"工具 ，在页面中输入需要的文字。选择"选择"工具 ，在属性栏中选择合适的字体并设置文字大小，设置文字颜色的 CMYK 值为 0、13、21、0，填充文字，效果如图 4-97 所示。选择"形状"工具 ，向右拖曳文字下方的 图标，调整文字的间距，如图 4-98 所示，释放鼠标，文字效果如图 4-99 所示。

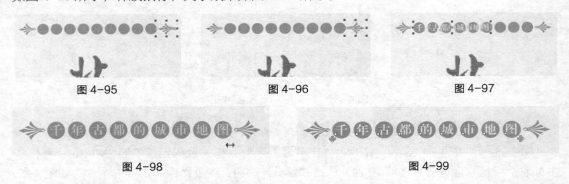

图 4-95　　　　　　　　　　图 4-96　　　　　　　　　　图 4-97

图 4-98　　　　　　　　　　　　　　　　图 4-99

（5）选择"选择"工具 ，将图形、圆形和文字同时选取，如图 4-100 所示。选择"排列 > 对齐和分布 > 水平居中对齐"命令，将图形、圆形和文字水平居中对齐，效果如图 4-101 所示。将圆形和文字同时选取，如图 4-102 所示，单击属性栏中的"移除前面对象"按钮 ，效果如图 4-103 所示。

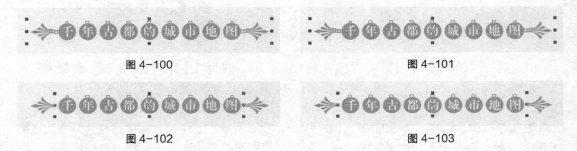

图 4-100　　　　　　　　　　　　　　　图 4-101

图 4-102　　　　　　　　　　　　　　　图 4-103

（6）选择"文本"工具 ，在页面中输入需要的文字。选择"选择"工具 ，在属性栏中选择合适的字体并设置文字大小，效果如图 4-104 所示。

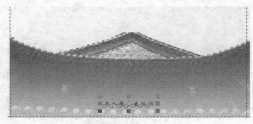

图 4-104

4.1.9　制作书脊

（1）选择"矩形"工具 ，在页面中绘制一个矩形，设置矩形颜色的 CMYK 值为 0、20、40、60，填充图形，并去除图形的轮廓线，效果如图 4-105 所示。选择"选择"工具 ，选取需要的文字，按数字键盘上的+键，复制文字，调整大小并将其拖曳到适当的位置，效果如图 4-106 所示。

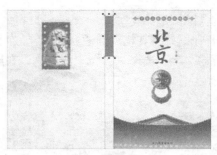

| 图 4-105 | 图 4-106 |

（2）选择"文本"工具 字，分别在页面中输入需要的文字。选择"选择"工具 ，在属性栏中选择合适的字体并设置文字大小，效果如图 4-107 所示。单击属性栏中的"将文本更改为垂直方向"按钮 ，将文字竖排并拖曳到适当的位置，效果如图 4-108 所示。选择"选择"工具 ，选取需要的文字，设置文字颜色的 CMYK 值为 0、0、20、0，填充文字，效果如图 4-109 所示。

| 图 4-107 | 图 4-108 | 图 4-109 |

4.1.10　添加并编辑内容文字

（1）选择"文本"工具 字，在页面中输入需要的文字。选择"选择"工具 ，在属性栏中选择合适的字体并设置文字大小，效果如图 4-110 所示。选择"文本 > 文本属性"命令，弹出"段落"面板，选项的设置如图 4-111 所示，按 Enter 键，效果如图 4-112 所示。单击属性栏中的"将文本更改为垂直方向"按钮 ，将文字竖排并拖曳到适当的位置，效果如图 4-113 所示。

| 图 4-110 | 图 4-111 | 图 4-112 | 图 4-113 |

（2）选择"椭圆形"工具 ，按住 Ctrl 键的同时，在页面中绘制一个圆形，设置图形颜

色的 CMYK 值为 0、60、60、70，填充图形，并去除图形的轮廓线，如图 4-114 所示。选择 "选择" 工具 ，按数字键盘上的+键，复制一个图形，并将其拖曳到适当的位置，如图 4-115 所示。选择 "文本" 工具 ，在页面中输入需要的文字。选择 "选择" 工具 ，在属性栏中选择合适的字体并设置文字大小，填充文字为白色，如图 4-116 所示。

图 4-114　　　　　　　　　图 4-115　　　　　　　　　图 4-116

　　（3）选择 "选择" 工具 ，选取需要的文字，单击属性栏中的 "将文本更改为垂直方向" 按钮 ，将文字竖排并拖曳到适当的位置，效果如图 4-117 所示。选择 "形状" 工具 ，按住 Ctrl 键的同时，选中 "迹" 字的节点并拖曳到适当的位置，如图 4-118 所示，松开鼠标，文字效果如图 4-119 所示。用相同的方法制作其他文字和图形，效果如图 4-120 所示。

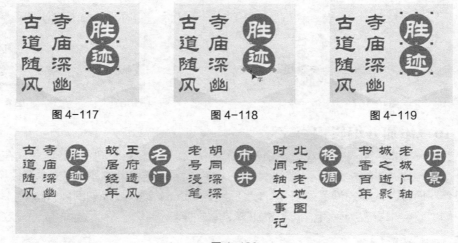

图 4-117　　　　　　　　　图 4-118　　　　　　　　　图 4-119

图 4-120

4.1.11　添加出版信息

　　（1）选择 "矩形" 工具 ，在页面中绘制一个矩形，填充矩形为白色并去除矩形的轮廓线，效果如图 4-121 所示。

　　（2）选择 "文本" 工具 ，在页面中输入需要的文字。选择 "选择" 工具 ，在属性栏中选择合适的字体并设置文字大小，效果如图 4-122 所示。选择 "形状" 工具 ，向左拖曳文字下方的 图标，调整文字的间距，如图 4-123 所示。选择 "手绘" 工具 ，按住 Ctrl 键的同时，绘制一条直线，在属性栏中的 "轮廓宽度" 细线 框中设置数值为 0.5pt，按 Enter 键，效果如图 4-124 所示。

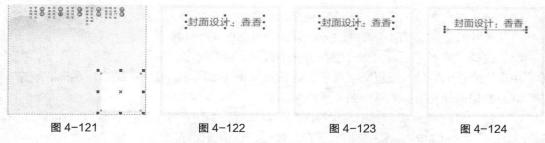

图 4-121　　　　　　图 4-122　　　　　　图 4-123　　　　　　图 4-124

（3）选择"矩形"工具 ，在页面中绘制一个矩形，填充矩形为黑色并去除矩形的轮廓线，效果如图 4-125 所示。选择"选择"工具 ，选取需要的文字和图形，按 Ctrl+G 组合键，将其群组，效果如图 4-126 所示。

图 4-125　　　　　　　　　图 4-126

（4）选择"编辑 > 插入条码"命令，弹出"条码向导"对话框，在各选项中按要求进行设置，如图 4-127 所示。设置好后，单击"下一步"按钮，在设置区内按要求进行设置，如图 4-128 所示。设置好后，单击"下一步"按钮，在设置区内按要求进行各项设置，如图 4-129 所示。设置好后，单击"完成"按钮，效果如图 4-130 所示。

图 4-127

图 4-128

图 4-129

图 4-130

（5）选择"贝塞尔"工具 ，在白色矩形中绘制一个图形，在属性栏中的"轮廓宽度" ⚪ 细线 ▾ 框中设置数值为 1.5pt，按 Enter 键，效果如图 4-131 所示。

（6）选择"文本"工具 ，分别在页面中输入需要的文字。选择"选择"工具 ，在属性栏中选择合适的字体并设置文字大小，效果如图 4-132 所示。按 Esc 键，取消选取状态，古都北京封面制作完成，效果如图 4-133 所示。

（7）按 Ctrl+S 组合键，弹出"保存图形"对话框，将制作好的图像命名为"古都北京书籍封面"，保存为 CDR 格式，单击"保存"按钮，将图像保存。

图 4-131

图 4-132

图 4-133

4.2 课后习题——中国古玉鉴别书籍封面设计

【习题知识要点】在 Photoshop 中，使用添加杂色命令和高斯模糊命令制作背景效果；使用添加图层蒙版命令、渐变工具和混合模式命令制作背景文字图层；使用矩形选框工具和图层样式命令制作书名底图和倒影效果；使用多边形套索工具和文字工具制作图章效果。在 CorelDRAW 中，使用文本工具和轮廓笔工具制作书名；使用矩形工具、手绘工具和文本工具添加内容文字和出版信息。中国古玉鉴别书籍封面设计效果如图 4-134 所示。

【素材所在位置】光盘/Ch04/效果/中国古玉鉴别书籍封面设计/01~06。

【效果所在位置】光盘/Ch04/效果/中国古玉鉴别书籍封面设计/中国古玉鉴别书籍封面.cdr。

图 4-134

PART 5

第 5 章
唱片封面设计

本章介绍

　　唱片封面设计是应用设计的一个重要门类。唱片封面是音乐的外貌，不仅要体现出唱片的内容和性质，还要体现出音乐的美感。本章以音乐 CD 唱片的封面设计为例，讲解唱片封面的设计方法和制作技巧。

学习目标

- 在 Photoshop 软件中制作唱片封面底图。
- 在 CorelDRAW 软件中添加文字及出版信息。

技能目标

- 掌握"音乐 CD 封面设计"的制作方法。
- 掌握"情感音乐唱片封面设计"的制作方法。

5.1 音乐 CD 封面设计

【案例学习目标】学习在 Photoshop 中使用绘图工具、图层蒙版、填充工具和图层面板制作唱片的封面底图。在 CorelDRAW 中使用文本工具、绘图工具和编辑工具添加相关文字及出版信息。

【案例知识要点】在 Photoshop 中使用矩形选框工具、填充命令和图层混合模式制作图片融合；使用图层蒙版命令和画笔工具制作背景图片渐隐效果；使用高斯模糊命令制作图片的模糊效果；使用剪切蒙版制作图片的剪切效果。在 CorelDRAW 中使用文本工具、渐变工具和形状工具添加内容文字；使用阴影工具添加图片阴影；使用手绘工具添加装饰线；使用椭圆形工具、矩形工具和文本工具添加出版信息。音乐 CD 封面设计效果如图 5-1 所示。

【效果所在位置】光盘/Ch05/效果/音乐 CD 封面设计/音乐 CD 封面.cdr"。

图 5-1

Photoshop 应用

5.1.1　置入并编辑图片

（1）按 Ctrl+N 组合键，新建一个文件：宽度为 24cm，高度为 12cm，分辨率为 300 像素/英寸，颜色模式为 CMYK，背景内容为白色。按 Ctrl+R 组合键，图像窗口中出现标尺。选择"移动"工具，在标尺中的 0.3cm 和 11.7cm 处拖曳出水平参考线，0.3cm、11.7cm、12cm、12.3cm 和 23.7cm 处拖曳出垂直参考线，效果如图 5-2 所示。单击"图层"控制面板下方的"创建新图层"按钮，生成新的图层并将其命名为"黄色矩形"。将前景色设为黄色（其 R、G、B 的值分别为 255、212、101）。选择"矩形选框"工具，在图像窗口中的右半部分绘制出一个矩形选区，按 Alt+Delete 组合键，用前景色填充选区，如图 5-3 所示。按 Ctrl+D 组合键，取消选区。

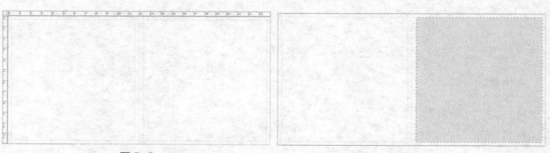

图 5-2　　　　　　　　　　　　　　　　　　　　　图 5-3

（2）按 Ctrl+O 组合键，打开光盘中的"Ch05 > 素材 > 音乐 CD 封面设计 > 01"文件，选择"移动"工具 ，将图片拖曳到图像窗口中适当的位置，如图 5-4 所示。在"图层"控制面板中生成新的图层并将其命名为"底图"。在控制面板上方，将"底图"图层的混合模式选项设为"线性加深"，图像窗口中的效果如图 5-5 所示。

图 5-4 图 5-5

（3）单击"图层"控制面板下方的"添加图层蒙版"按钮 ，为"底图"图层添加蒙版，如图 5-6 所示。将前景色设为黑色。选择"画笔"工具 ，在属性栏中单击"画笔"选项右侧的按钮 ，弹出画笔选择面板，选择需要的画笔形状，如图 5-7 所示，在图片上拖曳鼠标擦除不需要的图像，效果如图 5-8 所示。

图 5-6 图 5-7 图 5-8

（4）按住 Alt 键的同时，在"图层"控制面板中将鼠标放在"底图"和"黄色矩形"图层的中间，鼠标光标变为图标 ，如图 5-9 所示，单击鼠标左键，创建剪贴蒙版，图像窗口中的效果如图 5-10 所示。

图 5-9 图 5-10

（5）按 Ctrl+O 组合键，打开光盘中的"Ch05 > 素材 > 音乐 CD 封面设计 > 02"文件，选择"移动"工具 ，将图片拖曳到图像窗口中适当的位置，如图 5-11 所示，在"图层"控制面板中生成新的图层并将其命名为"人物"。

（6）单击"图层"控制面板下方的"添加图层蒙版"按钮 ，为"人物"图层添加蒙版，如图 5-12 所示。选择"画笔"工具 ，擦除图片中不需要的图像，效果如图 5-13 所示。

| 图 5-11 | 图 5-12 | 图 5-13 |

（7）选择"滤镜 > 模糊 > 高斯模糊"命令，在弹出的对话框中进行设置，如图 5-14 所示，单击"确定"按钮，效果如图 5-15 所示。

图 5-14   图 5-15

（8）按住 Alt 键的同时，在"图层"控制面板中将鼠标放在"人物"和"底图"图层的中间，鼠标光标变为图标 ，如图 5-16 所示，单击鼠标，创建剪贴蒙版，图像窗口中的效果如图 5-17 所示。

图 5-16   图 5-17

（9）按 Ctrl+O 组合键，打开光盘中的"Ch05 > 素材 > 音乐 CD 封面设计 > 03"文件，选择"移动"工具 ，将图片拖曳到图像窗口中适当的位置，如图 5-18 所示。在"图层"控制面板中生成新的图层并将其命名为"花纹"。用相述方法添加蒙版并擦除不需要的图像，效果如图 5-19 所示。

（10）按住 Alt 键的同时，在"图层"控制面板中将鼠标放在"花纹"和"人物"图层的中间，鼠标光标变为图标 ，如图 5-20 所示，单击鼠标，创建剪贴蒙版，图像窗口中的效果如图 5-21 所示。

图 5-18   图 5-19

图 5-20   图 5-21

5.1.2　添加边框及底色

（1）新建图层并将其命名为"描边"。将前景色设为深棕色（其 R、G、B 的值分别为 51、16、0）。按住 Ctrl 键的同时，单击"黄色矩形"图层的图层缩览图，载入选区，如图 5-22 所示。选择"编辑 > 描边"命令，弹出"描边"对话框，选项的设置如图 5-23 所示，单击"确定"按钮，效果如图 5-24 所示。

图 5-22   图 5-23   图 5-24

（2）新建图层并将其命名为"色块"。将前景色设为黄色（其 R、G、B 的值分别为 255、212、101）。选择"矩形选框"工具 ▦，在图像窗口中的左半部分绘制出一个矩形选区，如图 5-25 所示。按 Alt+Delete 组合键，用前景色填充选区，如图 5-26 所示。按 Ctrl+D 组合键，取消选区。

图 5-25   图 5-26

（3）按 Ctrl+O 组合键，打开光盘中的"Ch05＞素材＞音乐 CD 封面设计＞01"文件。选择"移动"工具 ，将图片拖曳到图像窗口中适当的位置，如图 5-27 所示。在"图层"控制面板中生成新的图层并将其命名为"底图 2"。在图层控制面板上方，将"底图 2"图层的混合模式选项设为"线性加深"，图像窗口中的效果如图 5-28 所示。

图 5-27　　　　　　　　　　　　　　　　　　图 5-28

（4）按住 Alt 键的同时，在"图层"控制面板中将鼠标放在"底图 2"和"色块"图层的中间，鼠标光标变为图标 ，如图 5-29 所示，单击鼠标，创建剪贴蒙版，图像窗口中的效果如图 5-30 所示。

图 5-29　　　　　　　　　　　　　　图 5-30

（5）按 Ctrl+R 组合键，隐藏标尺；按 Ctrl+; 组合键，隐藏参考线。按 Shift+Ctrl+E 组合键，合并可见图层。音乐 CD 封面底图制作完成。按 Ctrl+S 组合键，弹出"存储为"对话框，将其命名为"音乐 CD 封面底图"，保存图像为 TIFF 格式，单击"保存"按钮，弹出"TIFF 选项"对话框，单击"确定"按钮，将图像保存。

CorelDRAW 应用

5.1.3　绘制装饰图形并编辑素材图片

（1）打开 CorelDRAW X6 软件，按 Ctrl+N 组合键，新建一个页面。在属性栏中的"页面度量"选项中分别设置宽度为 240mm，高度为 120mm，按 Enter 键，页面显示尺寸为设置的大小。按 Ctrl+I 组合键，弹出"导入"对话框，选择光盘中的"Ch05＞效果＞音乐 CD 封面设计＞音乐 CD 封面底图"文件，单击"导入"按钮，在页面中单击导入图片。按 P 键，图片在页面中居中对齐，效果如图 5-31 所示。

（2）选择"手绘"工具 ，按住 Ctrl 键的同时，绘制一条直线，如图 5-32 所示。在属性栏中的"线条样式" 框中选择需要的轮廓线样式，如图 10-33 所示，"轮廓宽度" 框中设置数值为 0.5pt，按 Enter 键，效果如图 5-34 所示。

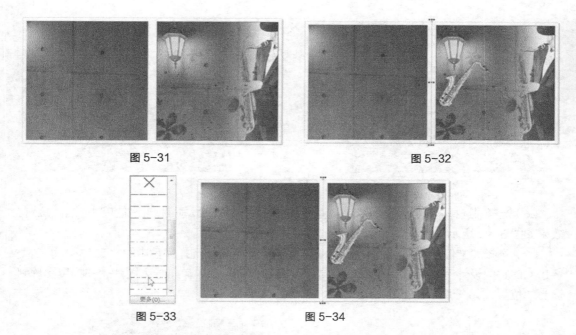

图 5-31   图 5-32

图 5-33   图 5-34

（3）选择"矩形"工具 □，绘制一个矩形，如图 5-35 所示。设置图形颜色的 CMYK 值为 0、80、100、0，填充图形，并去除图形的轮廓线，效果如图 5-36 所示。

图 5-35   图 5-36

（4）选择"透明度"工具 ，在属性栏中进行设置，如图 5-37 所示。按 Enter 键，效果如图 5-38 所示。

图 5-37   图 5-38

（5）选择"手绘"工具 ，按住 Ctrl 键的同时，绘制一条直线，如图 5-39 所示。在属性栏中的"线条样式" ——— 框中选择需要的轮廓线样式，如图 5-40 所示，"轮廓宽度" ⌀ 细线 框中设置数值为 0.5pt，按 Enter 键。在"CMYK 调色板"中的"白"色块上单击鼠标右键，填充直线，效果如图 5-41 所示。

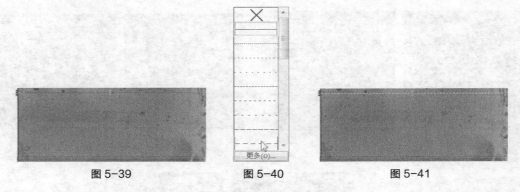

图 5-39　　　　　图 5-40　　　　　图 5-41

（6）选择"选择"工具 ，按数字键盘上的+键，复制直线，垂直向下拖曳到适当的位置，效果如图 5-42 所示。

（7）选择"文件 > 导入"命令，弹出"导入"对话框。选择光盘中的"Ch05 > 素材 > 音乐 CD 封面设计 > 04"文件，单击"导入"按钮，在页面中单击导入图片，并拖曳图片到适当的位置，如图 5-43 所示。

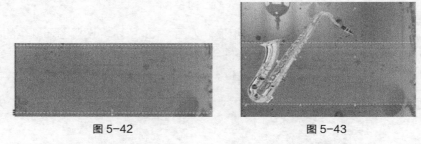

图 5-42　　　　　　　　　图 5-43

（8）选择"阴影"工具 ，在图片上由上至下拖曳光标，为图片添加阴影效果。其他选项的设置如图 5-44 所示，按 Enter 键，效果如图 5-45 所示。

图 5-44　　　　　　　　　图 5-45

5.1.4　添加文字效果

（1）选择"文本"工具 ，在页面中分别输入需要的文字。选择"选择"工具 ，在属性栏中选择合适的字体并设置文字大小，按 Esc 键，取消选取状态，文字的效果如图 5-46 所示。选择"选择"工具 ，选取需要的文字，如图 5-47 所示。选择"形状"工具 ，向左拖曳文字下方的 图标，调整文字的字距，效果如图 5-48 所示。用相同的方法调整其他文字的字距，效果如图 5-49 所示。

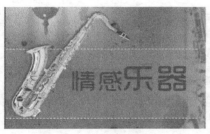

图 5-46

图 5-47

图 5-48

图 5-49

（2）选择"选择"工具 ，选择文字"情感"。选择"渐变填充"工具 ，弹出"渐变填充"对话框，选择"自定义"选项，在"位置"选项中分别输入 0、30、73、100 几个位置点，单击右下角的"其它"按钮，分别设置这几个位置点颜色的 CMYK 值为：0（0、20、100、0）、30（0、60、100、0）、73（0、20、100、0）、100（0、60、100、0），如图 5-50 所示。单击"确定"按钮，填充文字，效果如图 5-51 所示。

图 5-50

图 5-51

（3）选择"阴影"工具 ，在文字上从上向下拖曳光标，为文字添加阴影效果。在属性栏中进行设置，如图 5-52 所示，按 Enter 键，效果如图 5-53 所示。用上述方法制作其他文字效果，如图 5-54 所示。

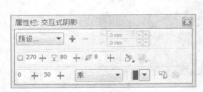

图 5-52

图 5-53

图 5-54

（4）选择"文本"工具 字，输入需要的文字。选择"选择"工具 ，在属性栏中选择合适的字体并设置文字大小。选择"渐变填充"工具 ，弹出"渐变填充"对话框，选择"自定义"单选项，在"位置"选项中分别输入 0、30、73、100 几个位置点，单击右下角的"其它"按钮，分别设置几个位置点颜色的 CMYK 值为 0（0、20、100、0）、30（0、60、100、0）、73（0、20、100、0）、100（0、60、100、0），如图 5-55 所示。单击"确定"按钮，填充文字，效果如图 5-56 所示。

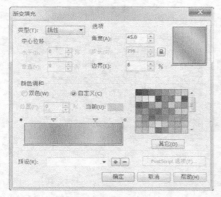

图 5-55   图 5-56

（5）选择"手绘"工具 ，按住 Ctrl 键的同时，绘制一条直线，如图 5-57 所示。在"CMYK调色板"中的"黄"色块上单击鼠标右键，填充直线，效果如图 5-58 所示。按数字键盘上的+键，复制一条直线，水平拖曳直线到适当的位置，如图 5-59 所示。

图 5-57   图 5-58   图 5-59

（6）选择"文本"工具 字，分别输入需要的文字。选择"选择"工具 ，分别在属性栏中选择合适的字体并设置文字大小，效果如图 5-60 所示。

（7）选择"选择"工具 ，选取需要的文字。选择"形状"工具 ，向左拖曳文字下方的 图标，调整文字的字距，效果如图 5-61 所示。用相同的方法调整其他文字的字距，效果如图 5-62 所示。

（8）选择"文件 > 导入"命令，弹出"导入"对话框。选择光盘中的"Ch05 > 素材 > 音乐 CD 封面设计 > 05"文件，单击"导入"按钮，在页面中单击导入图形，拖曳图形到适当的位置并调整其大小，效果如图 5-63 所示。

图 5-60   图 5-61

图 5-62　　　　　　　　　　　图 5-63

（9）选择"文本"工具 ，在页面中输入需要的文字。选择"选择"工具 ，在属性栏中选择合适的字体并设置文字大小，效果如图 5-64 所示。选择"形状"工具 ，向左拖曳文字下方的 图标，调整文字的字距，效果如图 5-65 所示。

图 5-64　　　　　　　　　　　图 5-65

5.1.5　制作封底效果

（1）选择"矩形"工具 ，绘制一个矩形。设置图形颜色的 CMYK 值为 0、80、100、0，填充图形，并去除图形的轮廓线，效果如图 5-66 所示。

（2）选择"透明度"工具 ，在属性栏中进行设置，如图 5-67 所示。按 Enter 键，效果如图 5-68 所示。

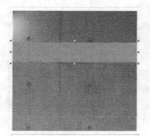

图 5-66　　　　　　图 5-67　　　　　　图 5-68

（3）选择"手绘"工具 ，按住 Ctrl 键的同时，绘制一条直线，如图 5-69 所示。在属性栏中的"线条样式" 框中选择需要的轮廓线样式，如图 5-70 所示，按 Enter 键。在"CMYK 调色板"中的"白"色块上单击鼠标右键，填充直线，效果如图 5-71 所示。

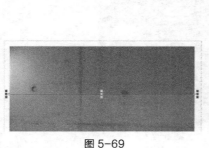

图 5-69　　　　　　图 5-70　　　　　　图 5-71

（4）选择"选择"工具 ，按数字键盘上的+键，复制直线，垂直向下拖曳到适当的位置，效果如图 5-72 所示。

（5）选择"椭圆形"工具 ，按住 Ctrl 键的同时，绘制一个圆形，设置图形颜色的 CMYK 值为 0、60、100、0，填充图形，效果如图 5-73 所示。按 F12 键，弹出"轮廓笔"对话框，在"颜色"选项中设置轮廓线颜色的 CMYK 值为 0、0、20、0，其他选项的设置如图 5-74 所示。单击"确定"按钮，效果如图 5-75 所示。

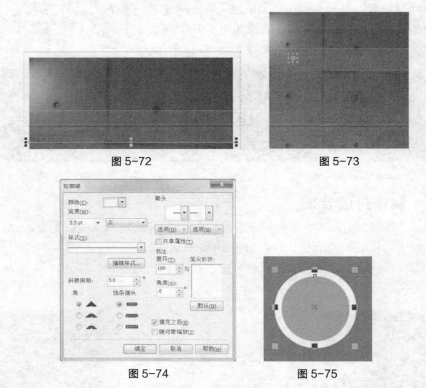

图 5-72　　　　　　　　　　　图 5-73

图 5-74　　　　　　　　　　　图 5-75

（6）按数字键盘上的+键，复制两个圆形，按住 Shift 键的同时，分别向右拖曳复制的图形到适当的位置，效果如图 5-76 所示。

（7）选择"文本"工具 ，分别输入需要的文字。选择"选择"工具 ，分别在属性栏中选择合适的字体并设置文字大小，填充为白色，效果如图 5-77 所示。选取文字"萨克斯"，选择"形状"工具 ，向右拖曳文字下方的 图标，调整文字的字距，效果如图 5-78 所示。用相同的方法调整下方文字的字距，效果如图 5-79 所示。

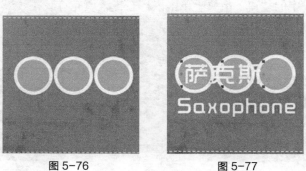

图 5-76　　　　　　　　　　　图 5-77

图 5-78　　　　　　　　　　　　图 5-79

（8）选择"文本"工具 ，输入需要的文字。选择"选择"工具 ，在属性栏中选择合适的字体并设置文字大小，填充文字为白色，效果如图 5-80 所示。选择"形状"工具 ，向右拖曳文字下方的 图标，调整文字的字距，再向下拖曳文字下方的 图标，调整文字的行距，文字效果如图 5-81 所示。用相同的方法制作其他文字效果，如图 5-82 所示。

图 5-80　　　　　　　　　　图 5-81　　　　　　　　　　　图 5-82

5.1.6　添加出版信息

（1）选择"矩形"工具 ，在页面中绘制一个矩形，在属性栏中设置"圆角半径" 选项的数值均为 0.5mm，如图 5-83 所示，按 Enter 键，效果如图 5-84 所示。

图 5-83　　　　　　　　　　　　　图 5-84

（2）设置图形颜色的 CMYK 值为 0、80、100、0，填充图形，并去除图形的轮廓线，效果如图 5-85 所示。选择"文本"工具 ，在圆角矩形中输入需要的文字。选择"选择"工具 ，在属性栏中选择合适的字体并设置文字大小，效果如图 5-86 所示。

图 5-85　　　　　　　　　　　　图 5-86

（3）选择"椭圆形"工具 ，绘制一个椭圆形，填充为黑色，如图 5-87 所示。选择"文本"工具 ，在椭圆形上输入需要的文字。选择"选择"工具 ，在属性栏中选择合适的字体并设置文字大小，填充文字为白色，效果如图 5-88 所示。选择"形状"工具 ，向右拖曳

文字下方的 ⫴图标，调整文字的字距，效果如图 5-89 所示。

图 5-87

图 5-88

图 5-89

（4）选择"文本"工具 字，在矩形中适当的位置上输入需要的文字。选择"选择"工具 ，在属性栏中选择合适的字体并设置文字大小，如图 5-90 所示。用相同的方法在矩形中适当的位置上输入需要的文字，单击属性栏中的"文本对齐"按钮 ，在弹出的面板中选择"居中"对齐，如图 5-91 所示。按 Esc 键，取消选取状态。音乐 CD 封面制作完成，效果如图 5-92 所示。

图 5-90

图 5-91

图 5-92

（5）按 Ctrl+S 组合键，弹出"保存图形"对话框，将制作好的图像命名为"音乐 CD 封面"，保存为 CDR 格式，单击"保存"按钮，将图像保存。

5.2 课后习题——情感音乐唱片封面设计

【习题知识要点】在 Photoshop 中，使用矩形选框工具和描边命令制作背景图形；使用高斯模糊命令、色彩平衡命令和亮度/对比度命令调整图片色彩；使用添加图层蒙版命令、矩形选框工具和画笔工具制作图片合成效果。在 CorelDRAW 中，使用矩形工具和阴影工具制作唱片标题名称底图；使用文本工具和渐变工具添加并编辑标题文字；使用矩形工具、椭圆形工具和文本工具制作标志和出版信息。情感音乐唱片封面设计效果如图 5-93 所示。

【素材所在位置】光盘/Ch05/素材/情感音乐唱片封面设计/01~08。

【效果所在位置】光盘/Ch05/效果/情感音乐唱片封面设计/情感音乐唱片封面.cdr。

图 5-93

PART 6

第 6 章
室内平面图设计

本章介绍

　　室内平面图反映了居室的布局和各房间的面积及功能。通过对室内平面图的设计，我们可以对居室空间和家具摆设进行具体描绘，初步设计出居室的生活格局。本章以室内平面图设计为例，讲解室内平面图的设计方法和制作技巧。

学习目标

- 在 Photoshop 软件中制作底图。
- 在 CorelDRAW 软件中制作平面图和其他相关信息。

技能目标

- 掌握"室内平面图设计"的制作方法。
- 掌握"天源室内平面图设计"的制作方法。

6.1 室内平面图设计

【案例学习目标】学习在 Photoshop 中编辑路径和改变图片的颜色制作底图。在 CorelDRAW 中使用图形的绘制工具和填充工具制作室内平面图；使用标注工具和文本工具标注平面图并添加相关信息。

【案例知识要点】在 Photoshop 中，使用矩形工具、路径选择工具和钢笔工具编辑路径的节点；使用色相/饱和度命令调整图片的颜色。在 CorelDRAW 中，使用文字工具和形状工具制作标题文字；使用矩形工具绘制墙体；使用椭圆工具绘制饼形制作门图形；使用图纸工具绘制地板和窗图形；使用矩形工具、图案填充工具和贝塞尔工具制作床的图形；使用矩形工具和底纹填充工具制作沙发图形；使用标注工具标注平面图。室内平面图设计效果如图 6-1 所示。

【效果所在位置】光盘/Ch06/效果/室内平面图设计/室内平面图.cdr。

图 6-1

Photoshop 应用

6.1.1 制作背景图

（1）按 Ctrl+N 组合键，新建一个文件：宽度为 29.7cm，高度为 15cm，分辨率为 300 像素/英寸，颜色模式为 RGB，背景内容为白色。将前景色设为绿色（其 R、G、B 的值分别为 85、165、28），按 Alt+Delete 组合键，用前景色填充"背景"图层，效果如图 6-2 所示。

（2）选择"矩形"工具 ▣，将属性栏中的"选择工具模式"选项设为"路径"，在图像窗口右侧绘制一个矩形路径，如图 6-3 所示。

图 6-2   图 6-3

（3）选择"路径选择"工具 ▶，选取路径。选择"钢笔"工具 ◢，在路径的右上角和左下角上单击添加 4 个锚点，如图 6-4 所示。在左下角的锚点上单击，如图 6-5 所示，删除锚点，效果如图 6-6 所示。按住 Alt 键的同时，单击两个刚添加的锚点，将其转化为直线点，效果如图 6-7 所示。用相同的方法删除右上角的锚点，效果如图 6-8 所示。按住 Ctrl 键的同时，将两个锚点的控制点拖曳到适当的位置，效果如图 6-9 所示。

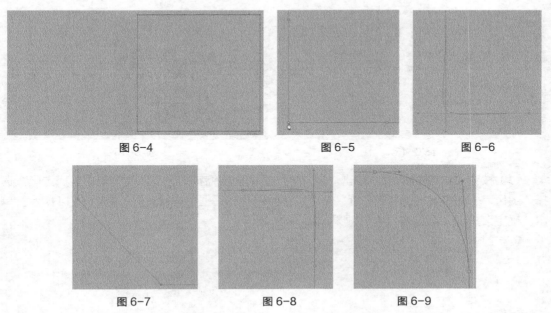

图 6-4　　　　　　　　　图 6-5　　　　　　　　　图 6-6

图 6-7　　　　　　　　　图 6-8　　　　　　　　　图 6-9

知识提示

　　　　　将钢笔工具 置于已有路径上时，钢笔工具转换为添加锚点工具 ，可添加锚点；将其置于已有锚点上时，钢笔工具转换为删除锚点工具 ，可删除锚点；按住 Alt 键的同时，将其置于已有锚点上，钢笔工具暂时转换成转换点工具 ，可转换锚点；按住 Ctrl 键的同时，钢笔工具暂时转换成直接选择工具 ，可选取和移动锚点。

（4）按 Ctrl+Enter 组合键，将路径转化为选区，如图 6-10 所示。将前景色设为白色，按 Alt+Delete 组合键，用前景色填充选区，效果如图 6-11 所示。按 Ctrl+D 组合键，取消选区。

图 6-10　　　　　　　　　　　　　　　图 6-11

6.1.2　添加并编辑图片

（1）单击"图层"控制面板下方的"创建新图层"按钮 ，生成新的图层并将其命名为"白色矩形"。选择"矩形选框"工具 ，在图像窗口的左侧绘制一个矩形选区，填充选区为白色，按 Ctrl+D 组合键，取消选区，效果如图 6-12 所示。

（2）按 Ctrl+O 组合键，打开光盘中的"Ch06 > 素材 > 室内平面图设计 > 01"文件。选择"移动"工具 ，将建筑图片拖曳到图像窗口中适当的位置，如图 6-13 所示，在"图层"控制面板中生成新的图层并将其命名为"图片"。

图 6-12

图 6-13

（3）按住 Ctrl 键的同时，单击"图片"图层的图层缩览图，在图像窗口中生成选区。选择"图像 > 调整 > 色相/饱和度"命令，在弹出的对话框中进行设置，如图 6-14 所示。单击"确定"按钮，图像窗口中的效果如图 6-15 所示。

图 6-14

图 6-15

（4）按住 Alt 键的同时，在"图层"控制面板中将鼠标放在"图片"图层和"白色矩形"图层的中间，鼠标指针变为图标 ，如图 6-16 所示。单击鼠标，创建剪贴蒙版，在图像窗口中的效果如图 6-17 所示。

图 6-16

图 6-17

（5）按 Shift+Ctrl+E 组合键，合并可见图层。室内平面图设计底图制作完成。按 Ctrl+S 组合键，弹出"存储为"对话框，将其命名为"底图"，保存图像为 TIFF 格式。单击"保存"按钮，弹出"TIFF 选项"对话框，再单击"确定"按钮将图像保存。

CorelDRAW 应用

6.1.3　添加并制作标题文字

（1）打开 CorelDRAW X6 软件，按 Ctrl+N 组合键，新建一个页面。在属性栏中的"纸张宽度和高度"选项中分别设置宽度为 297mm，高度为 150mm，按 Enter 键，页面尺寸显示为设置大小。按 Ctrl+I 组合键，弹出"导入"对话框，选择光盘中的"Ch06 > 效果 > 室内平面图设计 > 底图"文件，单击"导入"按钮，在页面中单击导入图片，如图 6-18 所示。按 P 键，图片在页面中居中对齐，效果如图 6-19 所示。

图 6-18　　　　　　　　　　　　　　　　　图 6-19

（2）选择"文本"工具 ，在页面中输入需要的文字。选择"选择"工具 ，在属性栏中选择合适的字体并设置文字大小，效果如图 6-20 所示。设置文字颜色的 CMYK 值为 94、51、95、23，填充文字，效果如图 6-21 所示。再次单击文字，使其处于旋转状态，如图 6-22 所示。用鼠标拖曳上边中间的控制手柄到适当的位置，如图 6-23 所示。松开鼠标左键，使文字倾斜，效果如图 6-24 所示。

图 6-20　　　　　　　　　　　　　　　　　图 6-21

图 6-22　　　　　　　　　　　　　　　图 6-23

图 6-24

（3）选择"选择"工具 ，将文字选取，按 Ctrl+K 组合键，将文字拆分，效果如图 6-25

所示。分别选取需要的文字并将其拖曳到适当的位置，效果如图 6-26 所示。

图 6-25    图 6-26

（4）选择"选择"工具 ，选取"新"字，按 Ctrl+Q 组合键，将文字转换为曲线，如图 6-27 所示。选择"形状"工具 ，用圈选的方法选取需要的节点，如图 6-28 所示，将其向左拖曳到适当的位置，如图 6-29 所示。用相同的方法将右侧的节点拖曳到适当的位置，效果如图 6-30 所示。按 Ctrl+Q 组合键，分别将其他文字转换为曲线，拖曳"光"字右侧的节点到适当的位置，效果如图 6-31 所示。

图 6-27   图 6-28   图 6-29   图 6-30

图 6-31

（5）选择"选择"工具 ，选取"阳"字，如图 6-32 所示。选择"形状"工具 ，用圈选的方法选取需要的节点，如图 6-33 所示，按 Delete 键将其删除，效果如图 6-34 所示。

图 6-32   图 6-33   图 6-34

（6）选择"贝塞尔"工具 ，在适当的位置绘制一条曲线，如图 6-35 所示。选择"艺术笔"工具 ，单击属性栏中的"预设"按钮 ，在"预设笔触列表" 选项的下拉列表中选择需要的笔触，如图 6-36 所示。按 Enter 键，效果如图 6-37 所示。

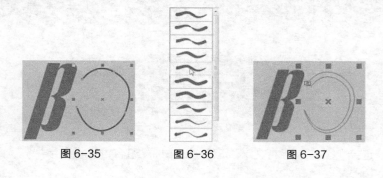

图 6-35   图 6-36   图 6-37

在"艺术笔"工具的属性栏中，单击"预设"按钮，然后在"笔触列表"选项的下拉列表中选择需要的笔触。若已选择曲线，则曲线直接转换为需要的图形；若无任何选择，在页面中直接拖曳鼠标也可绘制出需要的图形。

（7）选择"选择"工具，选取图形，在"CMYK调色板"中的"黄"色块上单击，填充图形，并去除图形的轮廓线，效果如图6-38所示。选择"椭圆形"工具，绘制一个椭圆形，在"CMYK调色板"中的"黄"色块上单击，填充椭圆形，并去除图形的轮廓线，效果如图6-39所示。

图6-38　　　　　　　　图6-39

（8）将所有的文字和图形同时选取，如图6-40所示，按Ctrl+G组合键将其群组，效果如图6-41所示。

图6-40　　　　　　　　　　　　　　图6-41

（9）选择"文本"工具，分别在页面中输入需要的文字。选择"选择"工具，在属性栏中选择合适的字体并设置文字大小，效果如图6-42所示。

（10）选择"选择"工具，分别选取需要的文字，设置文字颜色的CMYK值为0、0、100、0和94、51、95、23，填充文字，效果如图6-43所示。

图6-42　　　　　　　　　　　　　图6-43

6.1.4　绘制墙体图形

（1）选择"矩形"工具，绘制一个矩形，如图6-44所示。再绘制一个矩形，如图6-45所示。选择"选择"工具，将两个矩形同时选取，按数字键盘上的+键复制矩形，单击属性栏中的"水平镜像"按钮和"垂直镜像"按钮，水平、垂直翻转复制的矩形，效果如图6-46所示。

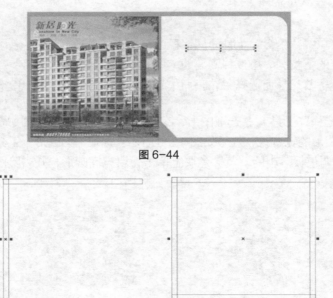

图 6-44

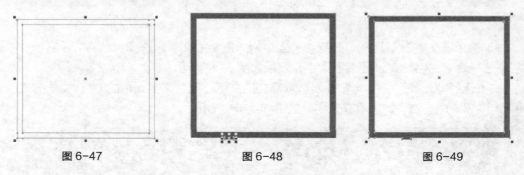

图 6-45   图 6-46

（2）选择"选择"工具 ，将矩形全部选取，单击属性栏中的"合并"按钮 ，将矩形焊接在一起，效果如图 6-47 所示，填充矩形为黑色。用相同的方法再绘制一个矩形，并填充为黑色，如图 6-48 所示。将矩形和焊接图形同时选取，单击属性栏中的"合并"按钮 ，将其再焊接在一起，效果如图 6-49 所示。

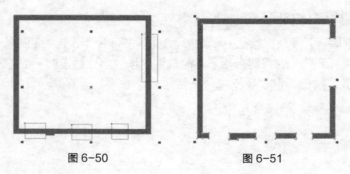

图 6-47   图 6-48   图 6-49

（3）选择"矩形"工具 ，在适当的位置绘制 4 个矩形，如图 6-50 所示。选择"选择"工具 ，将矩形和黑色框同时选取，单击属性栏中的"移除前面对象"按钮 ，剪切后的效果如图 6-51 所示。

图 6-50   图 6-51

（4）选择"矩形"工具 □，在适当的位置绘制 3 个矩形，如图 6-52 所示。选择"选择"工具 ▷，将矩形和外框同时选取，单击属性栏中的"合并"按钮 □，将其焊接在一起，效果如图 6-53 所示。

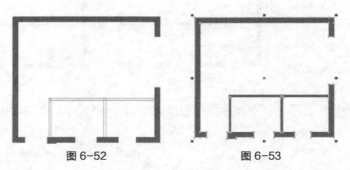

图 6-52　　　　　　　　　　图 6-53

（5）选择"矩形"工具 □，在适当的位置绘制两个矩形，如图 6-54 所示。选择"选择"工具 ▷，将矩形和黑色框同时选取，单击属性栏中的"移除前面对象"按钮 □，剪切后的效果如图 6-55 所示。

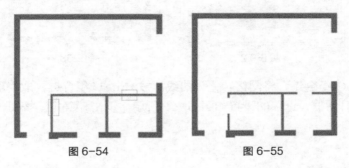

图 6-54　　　　　　　　　　图 6-55

6.1.5　制作门和窗户图形

（1）选择"椭圆形"工具 ○，单击属性栏中的"饼图"按钮 ◠，其他选项的设置如图 6-56 所示。从左上方向右下方拖曳鼠标绘制饼形，效果如图 6-57 所示。设置图形填充色的 CMYK 值为 3、3、56、0，填充图形，在属性栏中将"旋转角度"选项设为 90°，"轮廓宽度" ◊ .2 mm ▾ 框中设置数值为 0.5pt，按 Enter 键确认，效果如图 6-58 所示。

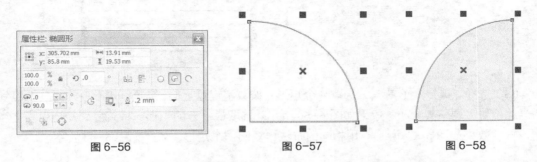

图 6-56　　　　　　　　图 6-57　　　　　　　图 6-58

（2）选择"矩形"工具 □，在适当的位置绘制一个矩形，设置图形填充色的 CMYK 值为 2、2、10、0，填充图形，并设置适当的轮廓宽度，效果如图 6-59 所示。选择"选择"工具 ▷，将饼形和矩形同时选取并拖曳到适当的位置，效果如图 6-60 所示。用相同的方法绘制多个矩形，并填充相同的颜色和轮廓宽度，效果如图 6-61 所示。

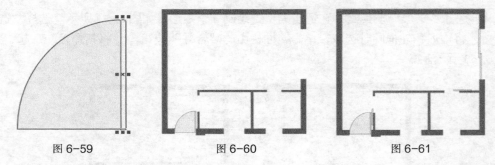

图 6-59   图 6-60   图 6-61

（3）选择"表格"工具 ▦，在属性栏中的设置如图 6-62 所示。在页面中适当的位置绘制网格图形，如图 6-63 所示。

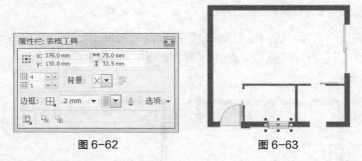

图 6-62   图 6-63

（4）按 Ctrl+Q 组合键，将网格转化为曲线。按 Ctrl+U 组合键，取消群组。按 F12 键，弹出"轮廓笔"对话框，选项的设置如图 6-64 所示。单击"确定"按钮，效果如图 6-65 所示。

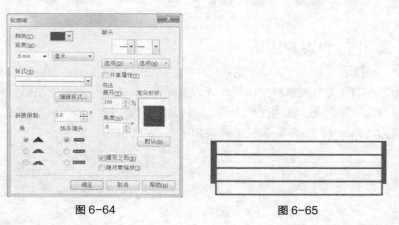

图 6-64   图 6-65

（5）选择"选择"工具 ▹，选取 4 个矩形，按数字键盘上的+键复制矩形，并将其拖曳到适当的位置，调整其大小，效果如图 6-66 所示。选取最下方的矩形，将其复制并拖曳到适当的位置，效果如图 6-67 所示。用相同的方法再复制一个矩形，效果如图 6-68 所示。

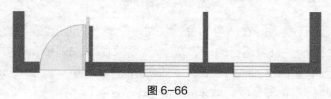

图 6-66

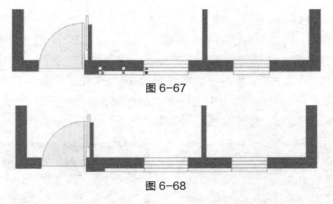

图 6-67

图 6-68

（6）选择"矩形"工具 □，在适当的位置绘制两个矩形，如图 6-69 所示。选择"选择"工具 ⬚，将两个矩形同时选取，单击属性栏中的"合并"按钮 ⬚，将其焊接在一起，效果如图 6-70 所示。

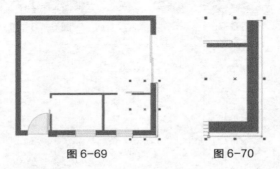

图 6-69   图 6-70

6.1.6　制作地板和床

（1）选择"矩形"工具 □，在适当的位置绘制一个矩形，如图 6-71 所示。选择"图样填充"工具 ⬚，弹出"图样填充"对话框，选择"位图"单选项，单击"浏览"按钮，弹出"导入"对话框，选择光盘中的"Ch06 > 素材 > 室内平面图设计 > 02"文件，单击"导入"按钮。单击"位图"选项右侧的按钮 ，在弹出的面板中选择导入的图案，其他选项的设置如图 6-72 所示，单击"确定"按钮，填充效果如图 6-73 所示。连续按 Ctrl+PageDown 组合键，将其置后到黑色框的下方，效果如图 6-74 所示。

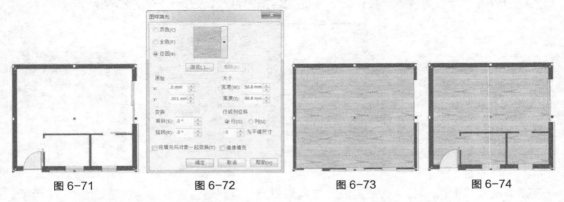

图 6-71   图 6-72   图 6-73   图 6-74

（2）选择"矩形"工具 □，在适当的位置绘制一个矩形，设置图形填充色的 CMYK 值为 2、2、10、0，填充图形。在属性栏中的"轮廓宽度" △ .2 mm ▾ 框中设置数值为 0.5pt，按 Enter

键确认，效果如图 6-75 所示。

（3）选择"矩形"工具 ▢，再绘制一个矩形，如图 6-76 所示。选择"图样填充"工具 ▨，弹出"图样填充"对话框，选择"位图"单选项，单击"浏览"按钮，弹出"导入"对话框，选择光盘中的"Ch06 > 素材 > 室内平面图设计 > 03"文件，单击"导入"按钮。单击"位图"选项右侧的按钮，在弹出的面板中选择导入的图案，如图 6-77 所示，其他选项的设置如图 6-78 所示。单击"确定"按钮，效果如图 6-79 所示。

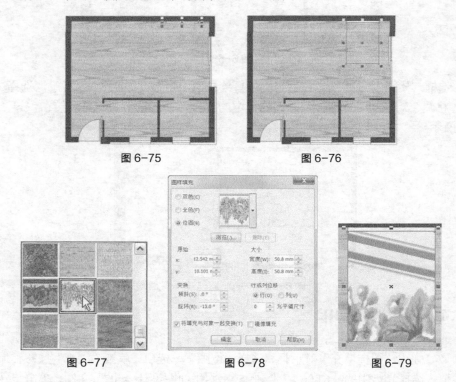

图 6-75   图 6-76

图 6-77   图 6-78   图 6-79

（4）选择"矩形"工具 ▢，绘制一个矩形，在属性栏中的"圆角半径" 框中进行设置，如图 6-80 所示。按 Enter 键确认，效果如图 6-81 所示。按 Ctrl+Q 组合键，将矩形转化为曲线，选择"形状"工具 ，用圈选的方法选取需要的节点，如图 6-82 所示。在属性栏中单击"转换为线条"按钮 ，将曲线转换为直线，效果如图 6-83 所示。

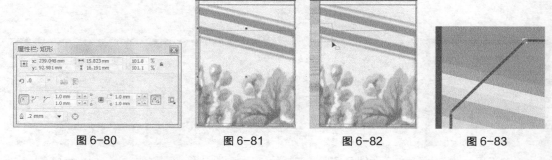

图 6-80   图 6-81   图 6-82   图 6-83

（5）选择"形状"工具 ，选取并拖曳需要的节点到适当的位置，效果如图 6-84 所示。在属性栏中的"轮廓宽度" 框中设置数值为 0.5pt，按 Enter 键确认，填充与下方的床相同的图案，效果如图 6-85 所示。选择"贝塞尔"工具 ，绘制一个图形，填充与床相同的图案，并设置适当的轮廓宽度，效果如图 6-86 所示。选择"手绘"工具 ，按住 Ctrl 键的同时，绘制一条直线，效果如图 6-87 所示。

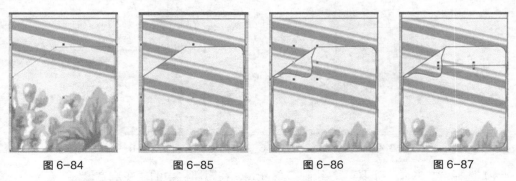

图 6-84　　　　　　　图 6-85　　　　　　　图 6-86　　　　　　　图 6-87

6.1.7　制作枕头和抱枕

（1）选择"矩形"工具 ，绘制一个矩形，在属性栏中的"圆角半径" 框中进行设置，如图 6-88 所示。按 Enter 键确认，效果如图 6-89 所示。选择"3 点椭圆形"工具 ，在适当的位置绘制 4 个椭圆形，如图 6-90 所示。

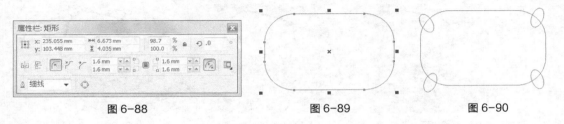

图 6-88　　　　　　　　　图 6-89　　　　　　　　　图 6-90

（2）选择"选择"工具 ，选取绘制的图形，单击属性栏中的"合并"按钮 ，将其焊接在一起，效果如图 6-91 所示。选择"图样填充"工具 ，弹出"图样填充"对话框，并选择与床相同的图案，其他选项的设置如图 6-92 所示，单击"确定"按钮，效果如图 6-93 所示。

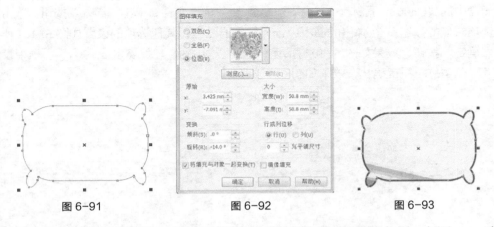

图 6-91　　　　　　　　　图 6-92　　　　　　　　　图 6-93

（3）选择"选择"工具 ，选取需要的图形并将其拖曳到适当的位置，如图 6-94 所示。按数字键盘上的+键，复制图形并将其拖曳到适当的位置，效果如图 6-95 所示。用相同的方法再复制两个图形，分别将其拖曳到适当的位置，调整大小并将其旋转到适当的角度，取消左侧图形的填充，效果如图 6-96 所示。

图 6-94　　　　　　　图 6-95　　　　　　　图 6-96

（4）选择"贝塞尔"工具 ，绘制多条直线，在属性栏中的"轮廓宽度" 框中设置数值为 0.5pt，按 Enter 键确认，效果如图 6-97 所示。选择"椭圆形"工具，在适当的位置绘制一个椭圆形，设置图形填充色的 CMYK 值为 2、2、10、0，填充图形。在属性栏中的"轮廓宽度" 框中设置数值为 0.5pt，按 Enter 键确认，效果如图 6-98 所示。用相同的方法制作出右侧图形，效果如图 6-99 所示。

 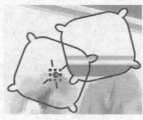 

图 6-97　　　　　　　图 6-98　　　　　　　图 6-99

6.1.8　制作床头柜和灯

（1）选择"矩形"工具，绘制一个矩形，如图 6-100 所示。选择"图样填充"工具，弹出"图样填充"对话框，选择"位图"单选项，单击"浏览"按钮，弹出"导入"对话框，选择光盘中的"Ch06 > 素材 > 室内平面图设计 > 04"文件，单击"导入"按钮。单击"位图"选项右侧的按钮，在弹出的面板中选择导入的图案，其他选项的设置如图 6-101 所示。单击"确定"按钮，效果如图 6-102 所示。在属性栏中的"轮廓宽度" 框中设置数值为 0.5pt，按 Enter 键确认，效果如图 6-103 所示。

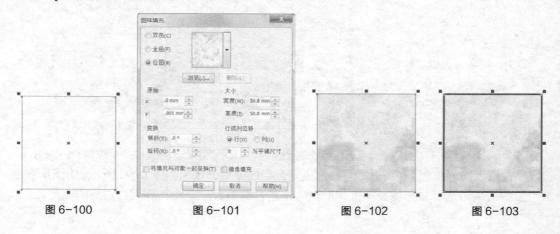

图 6-100　　　　　　图 6-101　　　　　　图 6-102　　　　　　图 6-103

（2）选择"椭圆形"工具 ⊙，在适当的位置绘制一个圆形，并在属性栏中的"轮廓宽度"框中设置数值为 0.5pt，如图 6-104 所示。选择"手绘"工具，按住 Ctrl 键的同时，绘制一条直线，设置适当的轮廓宽度，效果如图 6-105 所示。选择"选择"工具，按数字键盘上的+键复制直线，并再次单击直线，使其处于旋转状态。拖曳旋转中心到适当的位置，如图 6-106 所示。拖曳鼠标，将其旋转到适当的角度，如图 6-107 所示。按住 Ctrl 键，再连续按 D 键，复制出多条直线，效果如图 6-108 所示。

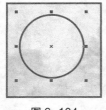 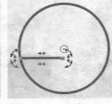 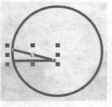 

图 6-104   图 6-105   图 6-106   图 6-107   图 6-108

（3）选择"选择"工具，选取需要的图形，按 Ctrl+G 组合键将其群组，如图 6-109 所示。并拖曳到适当的位置，效果如图 6-110 所示。按数字键盘上的+键，复制图形并将其拖曳到适当的位置，按 Ctrl+U 组合键，取消群组图形，调整下方图形的大小，效果如图 6-111 所示。

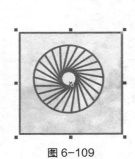  

图 6-109   图 6-110   图 6-111

6.1.9　制作地毯和沙发图形

（1）选择"矩形"工具，绘制一个矩形，如图 6-112 所示。选择"底纹填充"工具，弹出"底纹填充"对话框，选项的设置如图 6-113 所示。单击"确定"按钮，效果如图 6-114所示。

 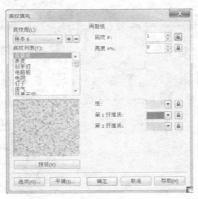 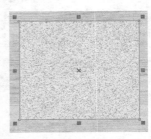

图 6-112   图 6-113   图 6-114

（2）选择"贝塞尔"工具 ，绘制多条折线，如图 6-115 所示。选择"选择"工具 ，选取绘制的折线，按 Ctrl+PageDown 组合键将其置于矩形之后，效果如图 6-116 所示。

图 6-115　　　　　　　　　　　图 6-116

（3）选择"矩形"工具 □，绘制一个矩形，在属性栏中的"圆角半径" 框中设置数值为 15pt，按 Enter 键确认，效果如图 6-117 所示。选择"底纹填充"工具，弹出"底纹填充"对话框，单击"平铺"按钮，在弹出的对话框中进行设置，如图 6-118 所示。单击"确定"按钮。返回到"底纹填充"对话框，选项的设置如图 6-119 所示。单击"确定"按钮，效果如图 6-120 所示。

图 6-117　　　　　　　　　　　图 6-118

图 6-119　　　　　　　　　　　图 6-120

（4）选择"矩形"工具 □，绘制一个矩形，在属性栏中的"圆角半径" 框中进行设置，如图 6-121 所示。按 Enter 键确认，效果如图 6-122 所示。

图 6-121　　　　　　　　　　　图 6-122

（5）选择"选择"工具 ，选取矩形，在属性栏中的"轮廓宽度" 框中设置数值为 0.5pt，按 Enter 键确认，效果如图 6-123 所示。用相同的方法再绘制两个图形，如图 6-124 所示。选取右侧的图形，在属性栏中将矩形右上方的"边角圆滑度"框设为 15，按 Enter 键确认，效果如图 6-125 所示。

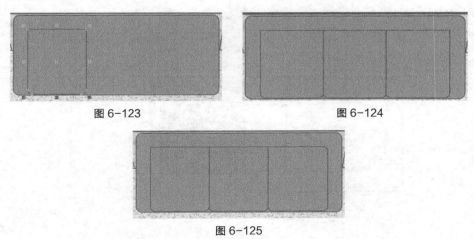

图 6-123　　　　　　　　　　　　　　图 6-124

图 6-125

（6）选择"椭圆形"工具 ，按住 Ctrl 键的同时，绘制一个圆形，如图 6-126 所示。选择"选择"工具 ，按住 Ctrl 键的同时，按住鼠标左键垂直向下拖曳圆形，并在适当的位置上单击鼠标右键，复制一个新的圆形，效果如图 6-127 所示。按住 Ctrl 键，再连续按 D 键，复制出多个圆形，效果如图 6-128 所示。

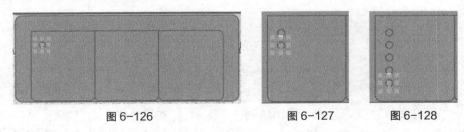

图 6-126　　　　　　　　图 6-127　　　　　　　图 6-128

（7）选择"选择"工具 ，选取需要的圆形，按住 Ctrl 键的同时，按住鼠标左键水平向右拖曳图形，并在适当的位置上单击鼠标右键，复制一个新的图形。按住 Ctrl 键，再连续按 D 键，复制出多个圆形，效果如图 6-129 所示。用相同的方法复制多个圆形，效果如图 6-130 所示。用相同的方法再制出两个沙发图形，效果如图 6-131 所示。

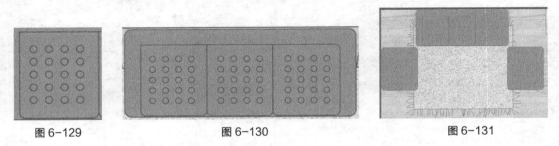

图 6-129　　　　　　　图 6-130　　　　　　　　图 6-131

6.1.10　制作盆栽和茶几

（1）选择"矩形"工具 ，绘制一个矩形，在属性栏中的"轮廓宽度" 框中设置数值为 0.5pt, 按 Enter 键确认, 效果如图 6-132 所示。选择"底纹填充"工具 ⬚, 弹出"底纹填充"对话框, 单击"色调"选项右侧的按钮, 弹出"选择颜色"对话框, 选项的设置如图 6-133 所示。单击"确定"按钮, 返回到"底纹填充"对话框, 单击"平铺"按钮, 在弹出的对话框中进行设置, 如图 6-134 所示。单击"确定"按钮, 返回到"底纹填充"对话框, 选项的设置如图 6-135 所示。单击"确定"按钮, 效果如图 6-136 所示。

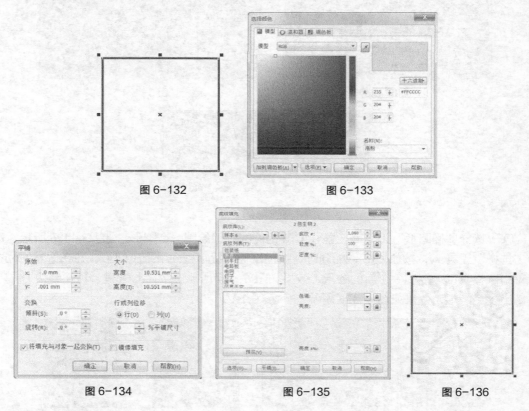

图 6-132　　　　　　　　　　　　　　图 6-133

图 6-134　　　　　　　图 6-135　　　　　　　图 6-136

（2）选择"贝塞尔"工具 ✎, 在矩形中绘制一个图形, 并在属性栏中的"轮廓宽度" ⬚ .2 mm 框中设置数值为 0.5pt, 按 Enter 键确认, 效果如图 6-137 所示。选择"底纹填充"工具 ⬚, 弹出"底纹填充"对话框, 单击"平铺"按钮, 在弹出的对话框中进行设置, 如图 6-138 所示。单击"确定"按钮, 返回到"底纹填充"对话框, 选项的设置如图 6-139 所示。单击"确定"按钮, 效果如图 6-140 所示。

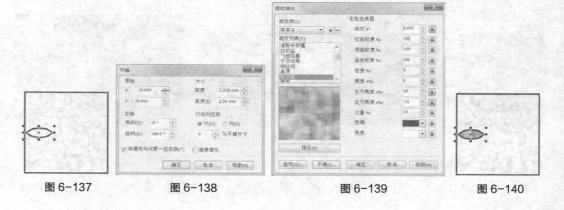

图 6-137　　　　　　图 6-138　　　　　　　图 6-139　　　　　　　图 6-140

（3）选择"选择"工具 ，按数字键盘上的+键复制图形，并再次单击图形，使其处于旋转状态。拖曳旋转中心到适当的位置，如图 6-141 所示。再拖曳鼠标将其旋转到适当的角度，如图 6-142 所示。按住 Ctrl 键，再连续按 D 键，复制出多个图形，效果如图 6-143 所示。

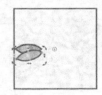

图 6-141　　　　　　图 6-142　　　　　　图 6-143

（4）选择"选择"工具 ，选取需要的图形，按 Ctrl+G 组合键将其群组，如图 6-144 所示。拖曳到适当的位置，如图 6-145 所示。按数字键盘上的+键，复制图形并将其拖曳到适当的位置，效果如图 6-146 所示。

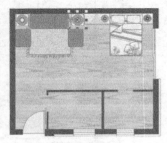

图 6-144　　　　　　　图 6-145　　　　　　　图 6-146

（5）选择"矩形"工具 ，绘制一个矩形，设置图形填充色的 CMYK 值为 2、2、10、0，填充图形，在属性栏中的设置如图 6-147 所示。按 Enter 键确认，效果如图 6-148 所示。

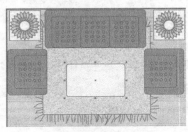

图 6-147　　　　　　　　　图 6-148

（6）用相同的方法再绘制一个圆角矩形。选择"渐变填充"工具 ，弹出"渐变填充"对话框，选择"双色"单选项，"从"选项颜色的 CMYK 值设置为 0、0、0、25，"到"选项颜色的 CMYK 值设置为 0、0、0、0，其他选项的设置如图 6-149 所示。单击"确定"按钮，填充图形。在属性栏中设置适当的轮廓宽度，效果如图 6-150 所示。

（7）选择"选择"工具 ，选取需要的图形，按住 Ctrl 键的同时，按住鼠标左键向下拖曳图形，并在适当的位置上单击鼠标右键，复制一个新的图形，效果如图 6-151 所示。按 Ctrl+U 组合键，取消图形的群组。选取下方的图形，设置图形填充色的 CMYK 值为 2、18、25、7，填充图形，如图 6-152 所示。选取上方的图形，设置图形填充色的 CMYK 值为 13、2、28、0，填充图形，效果如图 6-153 所示。

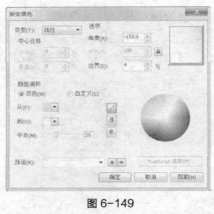

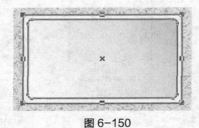

图 6-149 图 6-150

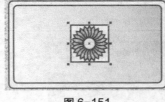 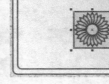 

图 6-151 图 6-152 图 6-153

（8）选择"贝塞尔"工具 ，在矩形中绘制多条直线，如图 6-154 所示。连续按 Ctrl+PageDown 组合键，将其置于红色矩形的下方，效果如图 6-155 所示。

图 6-154 图 6-155

6.1.11 制作桌子和椅子图形

（1）选择"矩形"工具 □，绘制一个矩形，在属性栏中的设置如图 6-156 所示，按 Enter 键确认，效果如图 6-157 所示。

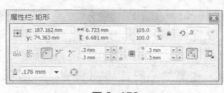 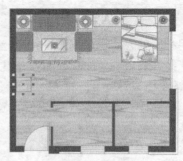

图 6-156 图 6-157

（2）选择"图样填充"工具 □，弹出"图样填充"对话框，选择"位图"单选项，单击 "浏览"按钮，弹出"导入"对话框，选择光盘中的"Ch06 > 素材 > 室内平面图设计 > 05"

文件，单击"导入"按钮。单击"位图"选项右侧的按钮，在弹出的面板中选择导入的图案，其他选项的设置如图 6-158 所示。单击"确定"按钮，效果如图 6-159 所示。

图 6-158　　　　　　　　图 6-159

（3）选择"贝塞尔"工具，绘制一条折线，如图 6-160 所示。选择"选择"工具，按数字键盘上的+键复制折线。单击属性栏中的"水平镜像"按钮，水平翻转复制的折线，效果如图 6-161 所示，将其拖曳到适当的位置，效果如图 6-162 所示。单击属性栏中的"合并"按钮，将两条折线结合，效果如图 6-163 所示。

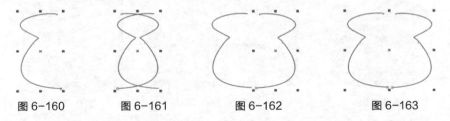

图 6-160　　　　　图 6-161　　　　　图 6-162　　　　　图 6-163

（4）选择"形状"工具，选取需要的节点，如图 6-164 所示。单击属性栏中的"连接两个节点"按钮，将两点连接，效果如图 6-165 所示。用相同的方法将下方的两个节点连接，效果如图 6-166 所示。

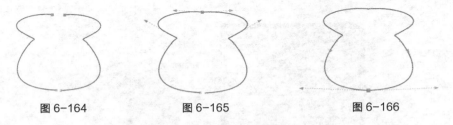

图 6-164　　　　　　图 6-165　　　　　　图 6-166

知识提示　　　将两条曲线的节点连接时，必须先将两条曲线结合，再分别选取需要的节点将其连接。

（5）选择"图样填充"工具，弹出"图样填充"对话框，选择"位图"单选项，单击"浏览"按钮，弹出"导入"对话框，选择光盘中的"Ch06 > 素材 > 室内平面图设计 > 06"文件，单击"导入"按钮。单击"位图"选项右侧的按钮，在弹出的面板中选择导入的图案，其他选项的设置如图 6-167 所示。单击"确定"按钮，并填充适当的轮廓宽度，效果如图 6-168 所示。

图 6-167   图 6-168

（6）选择"贝塞尔"工具，绘制两条曲线，并填充适当的轮廓宽度，如图 6-169 所示。选择"选择"工具，将绘制的图形同时选取，并拖曳到适当的位置，效果如图 6-170 所示。用相同的方法再绘制两个图形，效果如图 6-171 所示。

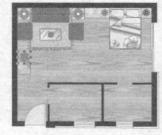

图 6-169   图 6-170   图 6-171

（7）选择"选择"工具，选取绘制的椅子图形，按数字键盘上的+键复制图形，将其拖曳到适当的位置，并旋转到需要的角度，效果如图 6-172 所示。选取两条曲线，按 Delete 键将其删除。选择"3 点矩形"工具，绘制两个矩形，并填充与椅子相同的图案，效果如图 6-173 所示。

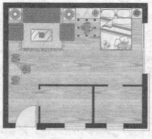

图 6-172   图 6-173

（8）选择"矩形"工具，在适当的位置绘制一个矩形，如图 6-174 所示。选择"图样填充"工具，弹出"图样填充"对话框，选择"位图"单选项，单击右侧的按钮，在弹出的面板中选择需要的图案，如图 6-175 所示。单击"确定"按钮，效果如图 6-176 所示。用相同的方法再绘制两个矩形并填充相同的图案，效果如图 6-177 所示。

（9）选择"矩形"工具 ▢，在适当的位置绘制一个矩形，设置图形填充色的 CMYK 值为2、2、10、0，填充图形。在属性栏中的"轮廓宽度" ▢.2 mm ▼ 框中设置数值为 0.5pt，按 Enter键确认，效果如图 6-178 所示。

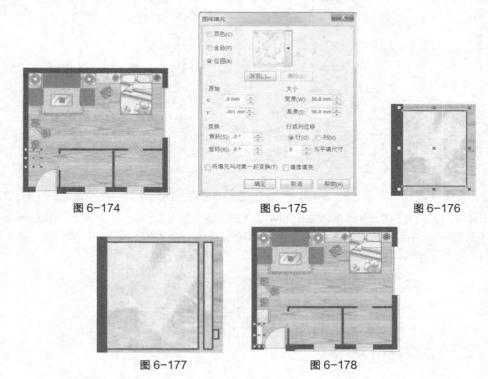

图 6-174　　　　　图 6-175　　　　　图 6-176

图 6-177　　　　　图 6-178

6.1.12　制作阳台

（1）选择"矩形"工具 ▢，在适当的位置绘制一个矩形，设置图形填充色的 CMYK 值为27、12、30、0，填充图形。在属性栏中的"轮廓宽度" ▢.2 mm ▼ 框中设置数值为 0.5pt，按Enter 键确认，效果如图 6-179 所示。选择"贝塞尔"工具 ✎，在适当的位置绘制一个图形，如图 6-180 所示。

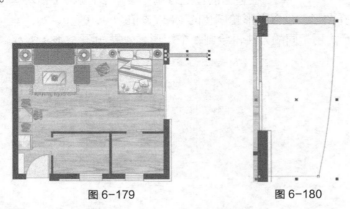

图 6-179　　　　　图 6-180

（2）选择"底纹填充"工具 ▨，弹出"底纹填充"对话框，选项的设置如图 6-181 所示。单击"确定"按钮，效果如图 6-182 所示。选择"矩形"工具 ▢，在适当的位置绘制 3 个矩形，如图 6-183 所示。选择"选择"工具 ▨，选取最内侧的矩形，按数字键盘上的+键复制一个矩形，效果如图 6-184 所示。

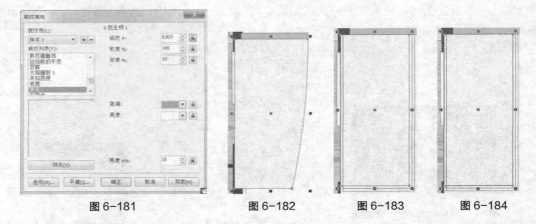

| 图 6-181 | 图 6-182 | 图 6-183 | 图 6-184 |

（3）选择"表格"工具，在属性栏中的设置如图 6-185 所示。在页面中适当的位置绘制网格图形，如图 6-186 所示。设置图形填充色的 CMYK 值为 0、0、0、10，填充网格。按 Ctrl+Q 组合键，将网格转化为曲线，设置网格轮廓色的 CMYK 值为 0、0、0、37，填充网格轮廓线，效果如图 6-187 所示。

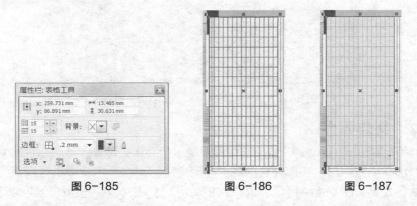

| 图 6-185 | 图 6-186 | 图 6-187 |

（4）选择"矩形"工具，在适当的位置绘制一个矩形，设置图形填充色的 CMYK 值为 0、0、0、10，填充图形。设置图形轮廓色的 CMYK 值为 0、0、0、20，填充图形轮廓线，效果如图 6-188 所示。用相同的方法再绘制 3 个矩形，效果如图 6-189 所示。

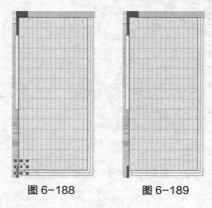

| 图 6-188 | 图 6-189 |

（5）选择"矩形"工具和"椭圆形"工具，在适当的位置绘制矩形和圆形，如图 6-190

所示。选择"选择"工具 ，选取需要的图形，如图 6-191 所示，连续按 Ctrl+PageDown 组合键，将其置于墙体图形的下方，效果如图 6-192 所示。

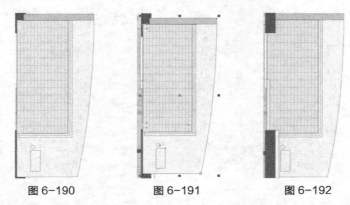

图 6-190　　　　　　　图 6-191　　　　　　　图 6-192

（6）选择"矩形"工具 ，在适当的位置绘制一个矩形，如图 6-193 所示。按 F12 键，弹出"轮廓笔"对话框，选项的设置如图 6-194 所示。单击"确定"按钮，效果如图 6-195 所示。

（7）选择"选择"工具 ，选取需要的图形，按住 Ctrl 键的同时，向下拖曳图形并在适当的位置上单击鼠标右键，复制一个新的图形，效果如图 6-196 所示。

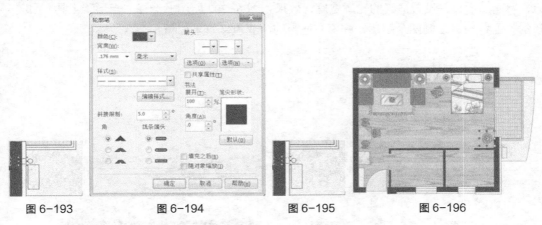

图 6-193　　　　　图 6-194　　　　　图 6-195　　　　　图 6-196

6.1.13　制作电视和衣柜图形

（1）选择"矩形"工具 ，绘制一个矩形，在属性栏中的设置如图 6-197 所示。按 Enter 键确认，效果如图 6-198 所示。

图 6-197

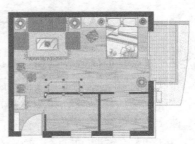

图 6-198

（2）选择"渐变填充"工具 ，弹出"渐变填充"对话框，选择"双色"单选项，将"从"选项颜色的 CMYK 值设置为 2、0、0、8，"到"选项颜色的 CMYK 值设置为 2、20、28、8，其他选项的设置如图 6-199 所示。单击"确定"按钮，填充图形，效果如图 6-200 所示。

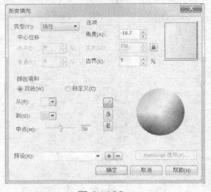

图 6-199　　　　　　　　　　　图 6-200

（3）选择"矩形"工具 □，绘制一个矩形。选择"渐变填充"工具 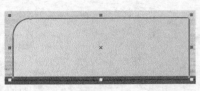，弹出"渐变填充"对话框，选择"双色"单选项，将"从"选项颜色的 CMYK 值设置为 2、2、0、36，"到"选项颜色的 CMYK 值设置为 0、0、0、0，其他选项的设置如图 6-201 所示。单击"确定"按钮，填充图形，并设置适当的轮廓宽度，效果如图 6-202 所示。选择"矩形"工具 □ 和"贝塞尔"工具 ↖，绘制两个图形，并填充适当的渐变色，效果如图 6-203 所示。

图 6-201　　　　　　　　　　　图 6-202

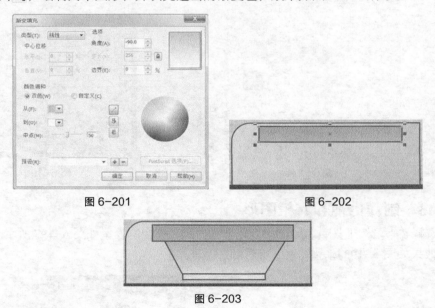

图 6-203

（4）选择"矩形"工具 □，绘制一个矩形。选择"图样填充"工具 ▨，弹出"图样填充"对话框，选择"位图"单选项，单击右侧的按钮，在弹出的面板中选择需要的图案，如图 6-204 所示。单击"确定"按钮，效果如图 6-205 所示。

（5）选择"矩形"工具 □ 和"手绘"工具 ↖，在适当的位置绘制需要的图形，效果如图 6-206 所示。选择"3 点矩形"工具 □，绘制多个矩形并填充与底图相同的图案，效果如图 6-207 所示。

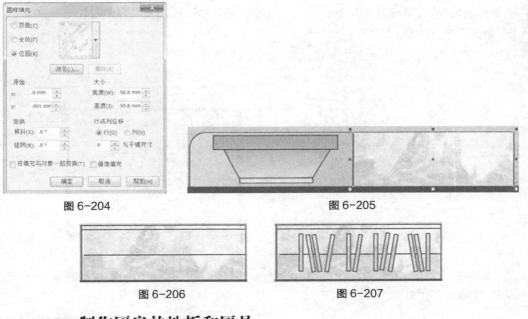

图 6-204   图 6-205

图 6-206   图 6-207

6.1.14　制作厨房的地板和厨具

（1）选择"表格"工具 ⊞，在页面中适当的位置绘制网格图形，如图 6-208 所示。设置图形填充色的 CMYK 值为 11、0、0、0，填充图形。按 Ctrl+Q 组合键，将网格转化为曲线，设置图形轮廓色的 CMYK 值为 0、0、0、28，填充图形轮廓线，效果如图 6-209 所示。

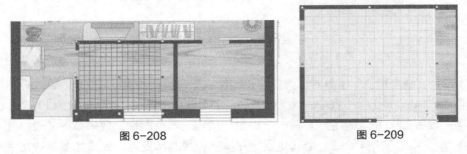

图 6-208   图 6-209

（2）选择"矩形"工具 ⊡，在适当的位置绘制两个矩形，如图 6-210 所示。选择"选择"工具 ⊵，将矩形全部选取，然后单击属性栏中的"合并"按钮 ⊡，将矩形焊接在一起。在属性栏中的"轮廓宽度" ⊿ .2 mm ▾ 框中设置数值为 0.5pt，按 Enter 键确认，效果如图 6-211 所示。

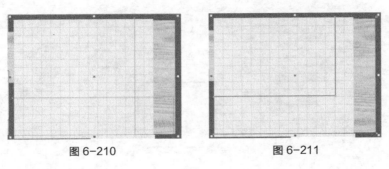

图 6-210   图 6-211

（3）选择"底纹填充"工具 ，弹出"底纹填充"对话框，选项的设置如图 6-212 所示。单击"确定"按钮，效果如图 6-213 所示。

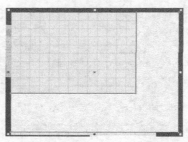

图 6-212   图 6-213

（4）选择"矩形"工具 □，在页面中绘制一个矩形，在属性栏中的设置如图 6-214 所示。按 Enter 键确认，效果如图 6-215 所示。

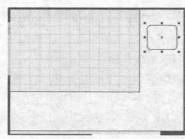

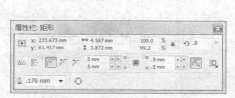

图 6-214   图 6-215

（5）选择"渐变填充"工具 ■，弹出"渐变填充"对话框，选择"双色"单选项，将"从"选项颜色的 CMYK 值设置为 0、2、0、0，"到"选项颜色的 CMYK 值设置为 12、2、10、11，其他选项的设置如图 6-216 所示。单击"确定"按钮，填充图形，效果如图 6-217 所示。

（6）用相同的方法再绘制一个圆角矩形并填充相同的渐变色，效果如图 6-218 所示。选择"椭圆形"工具 ○ 和"手绘"工具 ，绘制需要的圆形和不规则图形，填充相同的渐变色，效果如图 6-219 所示。

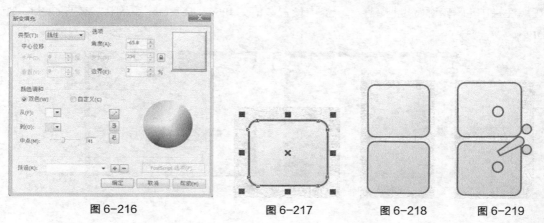

图 6-216   图 6-217   图 6-218   图 6-219

（7）选择"矩形"工具 □，在适当的位置绘制一个矩形，设置图形填充色的 CMYK 值为
9、2、10、7，填充图形，如图 6-220 所示。按 F12 键，弹出"轮廓笔"对话框，选项的设置
如图 6-221 所示。单击"确定"按钮，效果如图 6-222 所示。选择"手绘"工具 ✎，绘制两
条直线，并设置相同的轮廓样式和轮廓宽度，效果如图 6-223 所示。

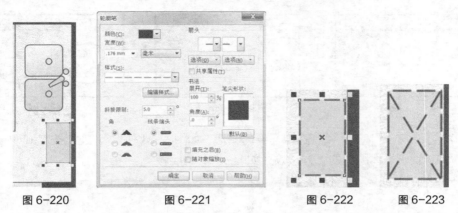

图 6-220　　　　　　图 6-221　　　　　　图 6-222　　　　图 6-223

（8）选择"矩形"工具 □，在适当的位置绘制一个矩形，设置图形填充色的 CMYK 值为
7、2、10、7，填充图形，并设置适当的轮廓宽度，效果如图 6-224 所示。用相同的方法再绘
制两个矩形，效果如图 6-225 所示。选择"贝塞尔"工具 ✎，在适当的位置绘制两个图形，
设置适当的轮廓宽度，效果如图 6-226 所示。

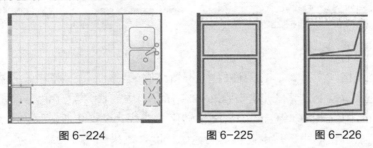

图 6-224　　　　　　图 6-225　　　　　图 6-226

（9）选择"矩形"工具 □，绘制一个矩形。选择"渐变填充"工具 ■，弹出"渐变填充"
对话框，选择"双色"单选项，将"从"选项颜色的 CMYK 值设置为 0、2、0、0，"到"选
项颜色的 CMYK 值设置为 14、5、0、17，其他选项的设置如图 6-227 所示。单击"确定"按
钮，填充图形，并设置适当的轮廓宽度，效果如图 6-228 所示。

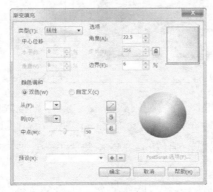

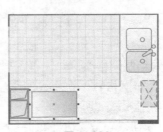

图 6-227　　　　　　　　　　图 6-228

（10）选择"手绘"工具，按住 Ctrl 键的同时，绘制一条直线，设置适当的轮廓宽度，效果如图 6-229 所示。选择"矩形"工具和"椭圆形"工具，在适当的位置绘制两个圆形和矩形，并填充相同的渐变色和轮廓宽度，效果如图 6-230 所示。选择"椭圆形"工具和"手绘"工具，绘制需要的图形，设置相同的轮廓宽度，效果如图 6-231 所示。

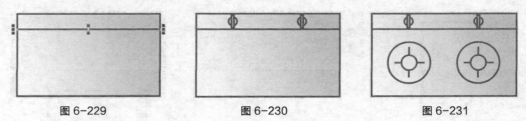

图 6-229　　　　　　　　　　图 6-230　　　　　　　　　　图 6-231

（11）选择"选择"工具，选取需要的图形，如图 6-232 所示，连续按 Ctrl+PageDown 组合键，将其置于墙体图形的下方，效果如图 6-233 所示。

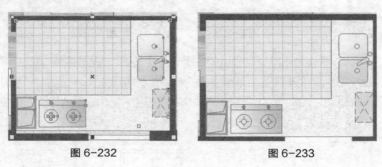

图 6-232　　　　　　　　　　图 6-233

6.1.15　制作浴室

（1）选择"表格"工具，在属性栏中的"行数和列数"框中设置数值为 15、5，在页面中适当的位置绘制网格图形，如图 6-234 所示。设置图形填充色的 CMYK 值为 0、0、0、10，填充图形。按 Ctrl+Q 组合键，将网格转化为曲线，设置图形轮廓色的 CMYK 值为 0、0、0、20，填充图形轮廓线，并设置适当的轮廓宽度，效果如图 6-235 所示。

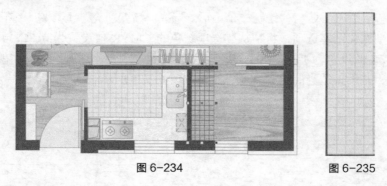

图 6-234　　　　　　　　　　图 6-235

（2）选择"表格"工具，在属性栏中的"行数和列数"框中设置数值为 15、15，并在适当的位置绘制网格图形，设置图形填充色的 CMYK 值为 11、0、0、0，填充图形。按 Ctrl+Q 组合键，将网格转化为曲线，设置图形轮廓色的 CMYK 值为 0、0、0、28，填充图形轮廓线，效果如图 6-236 所示。

（3）选择"矩形"工具，绘制一个矩形，选择"底纹填充"工具，弹出"底纹填充"

对话框，选项的设置如图 6-237 所示。单击"确定"按钮，效果如图 6-238 所示。选择"矩形"工具 □，绘制一个矩形，在属性栏中的"圆角半径" [...] 框设置数值为 48，按 Enter 键，填充与底图相同的底纹，效果如图 6-239 所示。

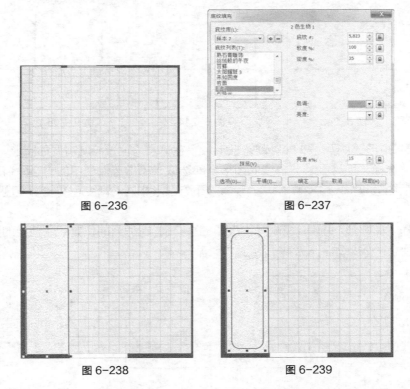

图 6-236   图 6-237

图 6-238   图 6-239

（4）选择"矩形"工具 □，绘制一个矩形，如图 6-240 所示。选择"渐变填充"工具 ■，弹出"渐变填充"对话框，选择"双色"单选项，将"从"选项颜色的 CMYK 值设置为 2、2、0、0，"到"选项颜色的 CMYK 值设置为 2、2、0、21，其他选项的设置如图 6-241 所示。单击"确定"按钮，填充图形，并设置适当的轮廓宽度，效果如图 6-242 所示。

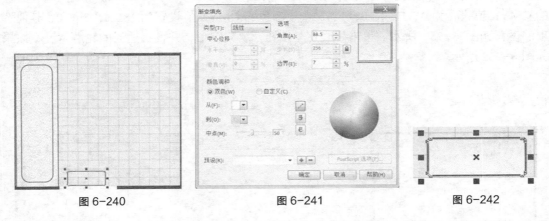

图 6-240   图 6-241   图 6-242

（5）选择"矩形"工具 □ 和"椭圆形"工具 ○，在适当的位置绘制需要的图形，如图 6-243 所示。选择"选择"工具 ▷，将需要的图形全部选取，单击属性栏中的"合并"按钮 □，将图形焊接在一起，效果如图 6-244 所示。设置与下方图形相同的渐变色和轮廓宽度，效果如

图 6-245 所示。

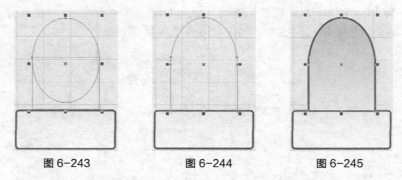

图 6-243　　　　　图 6-244　　　　　图 6-245

（6）选择"矩形"工具□和"椭圆形"工具○，在适当的位置绘制需要的图形，如图6-246所示。选择"选择"工具�，将需要的图形全部选取，单击属性栏中的"移除前面对象"按钮□，剪切后的效果如图6-247所示。设置与下方图形相同的渐变色和轮廓宽度，效果如图6-248所示。

（7）选择"椭圆形"工具○和"贝塞尔"工具�，在适当的位置绘制需要的图形，并填充相同的渐变色，效果如图6-249所示。

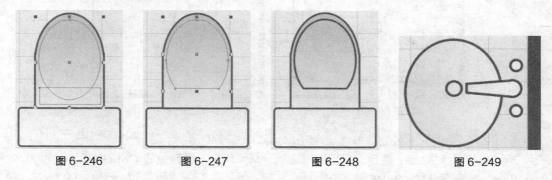

图 6-246　　　　图 6-247　　　　　图 6-248　　　　　图 6-249

（8）选择"贝塞尔"工具�，绘制一个不规则图形，如图 6-250 所示。选择"渐变填充对话框"工具■，弹出"渐变填充"对话框，选择"双色"单选项，将"从"选项颜色的 CMYK 值设置为 0、1、0、0，"到"选项颜色的 CMYK 值设置为 18、1、36、0，其他选项的设置如图 6-251 所示。单击"确定"按钮，填充图形，并设置适当的轮廓宽度，效果如图 6-252 所示。

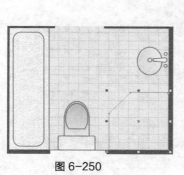
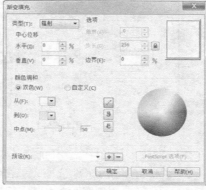

图 6-250　　　　　　　　图 6-251 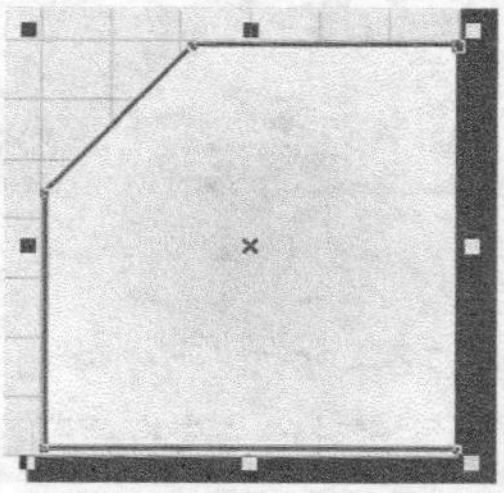　　　　　　　　图 6-252

（9）选择"矩形"工具 ▢，绘制一个矩形，在属性栏中的"轮廓宽度" △.2 mm ▾ 框中设置数值为 0.5pt，如图 6-253 所示。选择"选择"工具 ▯，选取需要的图形，如图 6-254 所示，连续按 Ctrl+PageDown 组合键，将其置于墙体图形的下方，效果如图 6-255 所示。

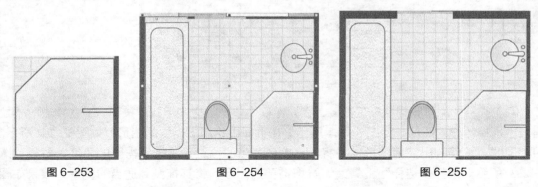

图 6-253　　　　　　　　　　　图 6-254　　　　　　　　　　　图 6-255

6.1.16　添加标注和指南针

（1）选择"平行度量"工具 ✎，将鼠标指针移动到平面图上方墙体的左侧单击拖曳鼠标，将其移动到右侧再次单击，再将鼠标指针拖曳到线段中间单击完成标注，效果如图 6-256 所示。选择"选择"工具 ▯，选取标注的文字，在属性栏中设置适当的文字大小，效果如图 6-257 所示。选择"平行度量"工具 ✎，标注左侧的墙体，效果如图 6-258 所示。

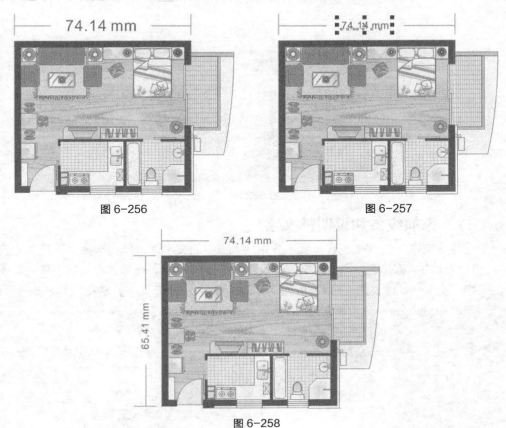

图 6-256　　　　　　　　　　　　　　　　图 6-257

图 6-258

（2）选择"椭圆形"工具 ◯，按住 Ctrl 键的同时，绘制一个圆形，如图 6-259 所示。选择"文本"工具 ，在页面中输入需要的文字。选择"选择"工具 ，在属性栏中选择合适的字体并设置文字大小，效果如图 6-260 所示。

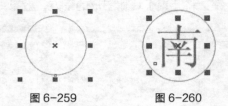

图 6-259　　　　图 6-260

（3）选择"流程图形状"工具 ，在属性栏中单击"完美形状"按钮 ，在弹出的下拉列表中选择需要的图标，如图 6-261 所示。在页面中绘制出需要的图形，如图 6-262 所示。用相同的方法绘制出其他图形，并将其拖曳到适当的位置，旋转到需要的角度，效果如图 6-263 所示。选择"选择"工具 ，选取需要的图形，将其拖曳到适当的位置，效果如图 6-264 所示。

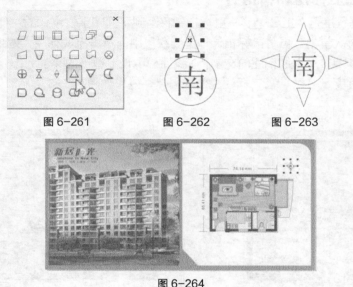

图 6-261　　　　图 6-262　　　　图 6-263

图 6-264

6.1.17　添加线条和说明性文字

（1）选择"文本"工具 ，在页面中分别输入需要的文字。选择"选择"工具 ，在属性栏中选择合适的字体并设置文字大小，效果如图 6-265 所示。选择"选择"工具 ，选取需要的文字，设置文字颜色的 CMYK 值为 94、51、95、23，填充文字，效果如图 6-266 所示。

图 6-265　　　　　　　　　　　　图 6-266

（2）选择"椭圆形"工具 ◯，按住 Ctrl 键的同时，绘制一个圆形，设置圆形颜色的 CMYK 值为 94、51、95、23，填充圆形，并去除图形的轮廓线，效果如图 6-267 所示。选择"文本"工具 字，分别在圆中输入需要的文字。选择"选择"工具 ↖，在属性栏中选择合适的字体并设置文字大小，填充文字为白色，效果如图 6-268 所示。

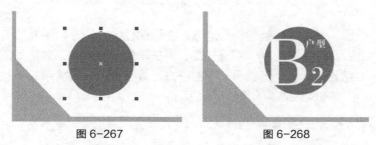

图 6-267   图 6-268

（3）选择"矩形"工具 ▢，绘制一个矩形，设置矩形颜色的 CMYK 值为 0、0、0、10，填充矩形，并去除图形的轮廓线，效果如图 6-269 所示。选择"文本"工具 字，输入需要的文字。选择"选择"工具 ↖，在属性栏中选择合适的字体并设置文字大小，效果如图 6-270 所示。

图 6-269   图 6-270

（4）选择"文本"工具 字，在文字前单击插入光标，如图 6-271 所示。选择"文本 > 插入字符"命令，弹出"插入字符"对话框，在对话框中进行设置并选择需要的字符，如图 6-272 所示。单击"插入"按钮，将字符插入，效果如图 6-273 所示。选取字符，在属性栏中设置适当的字符大小，效果如图 6-274 所示。用相同的方法在其他位置插入字符，效果如图 6-275 所示。

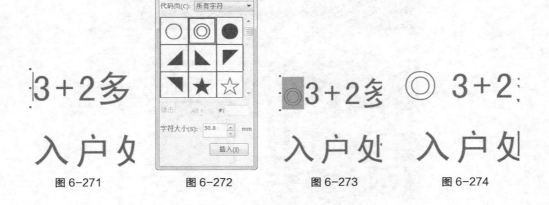

图 6-271   图 6-272   图 6-273   图 6-274

◎ 3+2多功能户型, 南北通透, 阳光充溢室内
◎ 入户处洗衣房, 多功能间及酒柜设计, 人性化关怀
◎ 宽绰客厅, 随时接受一场家庭酒会的检阅
◎ 大飘窗的优美书房, 将主人的素养显露无遗
◎ 客厅观景阳台, 成就主人达观天下的气度

图 6-275

（5）选择"矩形"工具 □，绘制一个矩形，在属性栏中的设置如图 6-276 所示。设置矩形颜色的 CMYK 值为 0、0、0、10，填充矩形，并去除矩形轮廓线，效果如图 6-277 所示。按 Ctrl+PageDown 组合键，将矩形置于文字的下方，效果如图 6-278 所示。按数字键盘上的 +键，复制两个矩形并拖曳到适当的位置，效果如图 6-279 所示。

图 6-276

图 6-277

图 6-278

图 6-279

（6）选择"文本"工具 字，分别输入需要的文字，并填充为白色。选择"选择"工具，在属性栏中选择合适的字体并设置文字大小，效果如图 6-280 所示。选择"选择"工具，选取需要的文字，再次单击文字，使其处于旋转状态，拖曳上边中间的控制手柄到适当的位置，松开鼠标左键，使文字倾斜，效果如图 6-81 所示。室内平面图设计制作完成，效果如图 6-282 所示。

图 6-280

图 6-281

图 6-282

（7）按 Ctrl+S 组合键，弹出"保存图形"对话框，将制作好的图像命名为"室内平面图"，保存为 CDR 格式，单击"保存"按钮将图像保存。

6.2 课后习题——天源室内平面图设计

【练习知识要点】在 Photoshop 中，使用不透明度选项和添加图层蒙版命令制作底图合成效果；使用横排文字工具添加需要的文字。在 CorelDRAW 中，使用矩形工具绘制墙体；使用椭圆工具绘制饼形制作门图形；使用图纸工具绘制地板和窗图形；使用标注工具标注平面图。天源室内平面图设计效果如图 6-283 所示。

【素材所在位置】光盘/Ch06/素材/天源室内平面图设计/01~04。

【效果所在位置】光盘/Ch06/效果/天源室内平面图设计/天源室内平面图.cdr。

图 6-283

PART 7

第 7 章
宣传单设计

本章介绍

　　宣传单是直销广告的一种，对宣传活动和促销商品有着重要的作用。宣传单通过派送、邮递等形式，可以有效地将信息传送给目标受众。众多的企业和商家都希望通过宣传单来宣传自己的产品，传播自己的企业文化。本章以液晶电视宣传单和戒指宣传单设计为例，讲解宣传单的设计方法和制作技巧。

学习目标

● 在 Photoshop 软件中制作宣传单底图。
● 在 CorelDRAW 软件中添加产品、标志及相关信息。

技能目标

● 掌握"液晶电视宣传单设计"的制作方法。
● 掌握"戒指宣传单设计"的制作方法。

7.1 液晶电视宣传单设计

【案例学习目标】学习在 Photoshop 中调整图像制作背景效果。在 CorelDRAW 中使用图形的文本工具、绘制工具和填充工具制作宣传文字；使用绘图工具和调和工具制作标志图形；使用表格工具添加说明表格。

【案例知识要点】在 Photoshop 中，使用添加图层蒙版命令和画笔工具擦除不需要的图像；使用钢笔工具、羽化命令和曲线命令制作背景效果。在 CorelDRAW 中，使用文本工具、贝塞尔工具、渐变填充工具、图框精确剪裁命令和阴影工具制作宣传文字；使用椭圆形工具和调和工具制作标志效果；使用表格工具添加说明表格；使用图框精确剪裁命令将图片置入圆角矩形中；使用透明度工具为图片制作倒影效果；使用插入字符命令插入需要的字符图形；使用封套工具制作文字的变形效果。液晶电视宣传单设计效果如图 7-1 所示。

【效果所在位置】光盘/Ch07/效果/液晶电视宣传单设计/液晶电视宣传单.cdr。

图 7-1

Photoshop 应用

7.1.1 制作背景效果

（1）按 Ctrl+N 组合键，新建一个文件：宽度为 29.7cm，高度为 21cm，分辨率为 300 像素/英寸，颜色模式为 RGB，背景内容为白色。按 Ctrl+O 组合键，打开光盘中的"Ch07 > 素材 > 液晶电视宣传单设计 > 01"文件，选择"移动"工具 ，将背景图片拖曳到图像窗口中适当的位置，如图 7-2 所示。在"图层"控制面板中生成新的图层并将其命名为"蓝天白云"，如图 7-3 所示。

图 7-2

图 7-3

（2）单击"图层"控制面板下方的"添加图层蒙版"按钮 ，为"蓝天白云"图层添加蒙版，如图 7-4 所示。选择"画笔"工具 ✏️，在属性栏中单击"画笔"右侧的按钮 ▾，弹出画笔选择面板，选择需要的画笔形状，如图 7-5 所示，在图像窗口中拖曳鼠标擦除不需要的图像，效果如图 7-6 所示。

图 7-4　　　　　　　　　　　图 7-5　　　　　　　　　　　图 7-6

（3）选择"钢笔"工具 ✏️，将属性栏中的"选择工具模式"选项设为"路径"，在图像窗口中绘制一个封闭的路径，如图 7-7 所示。按 Ctrl+Enter 组合键，将路径转换为选取，如图 7-8 所示。选择"选择 > 修改 > 羽化"命令，弹出"羽化选区"对话框，选项的设置如图 7-9 所示，单击"确定"按钮，效果如图 7-10 所示。

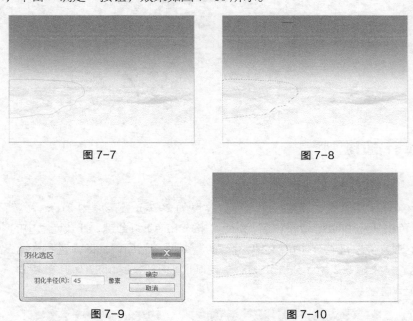

图 7-7　　　　　　　　　　　　　　　　　图 7-8

图 7-9　　　　　　　　　　　　　　　　　图 7-10

（4）单击"图层"控制面板下方的"创建新的填充或调整图层"按钮 ◑，在弹出的菜单中选择"曲线"命令，在"图层"控制面板中生成"曲线 1"图层，如图 7-11 所示。同时弹出"曲线"面板，在曲线上单击添加控制点，将"输入"选项设为 169，"输出"选项设为 101，如图 7-12 所示，按 Enter 键，图像窗口中的效果如图 7-13 所示。

（5）宣传单底图制作完成。按 Ctrl+Shift+E 组合键，合并可见图层。按 Ctrl+Shift+S 组合键，弹出"存储为"对话框，将其命名为"宣传单底图"，保存图像为 TIFF 格式，单击"保存"按钮，弹出"TIFF 选项"对话框，单击"确定"按钮，将图像保存。

图 7-11

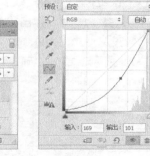

图 7-12

图 7-13

CorelDRAW 应用

7.1.2　添加图片和文字

（1）打开 CorelDRAW X6 软件，按 Ctrl+N 组合键，新建一个 A4 页面。单击属性栏中的"横向"按钮 □，页面显示为横向页面。

（2）选择"文件 > 导入"命令，弹出"导入"对话框。选择光盘中的"Ch07 > 效果 > 液晶电视宣传单设计 > 宣传单底图"文件，单击"导入"按钮，在页面中单击导入图片，按 P 键，图片在页面中居中对齐，效果如图 7-14 所示。

（3）选择"文件 > 导入"命令，弹出"导入"对话框。选择光盘中的"Ch07 > 素材 > 液晶电视宣传单设计 > 02"文件，单击"导入"按钮，在页面中单击导入图片，调整图片的大小和位置，效果如图 7-15 所示。

图 7-14

图 7-15

（4）选择"文本"工具 字，分别输入需要的文字。选择"选择"工具 ⬚，在属性栏中分别选择合适的字体并设置文字大小，效果如图 7-16 所示。选择文字"HD-880i"，单击属性栏中的"粗体"按钮 ⒝，将文字加粗，设置文字颜色的 CMYK 值为 100、20、0、0，填充文字，效果如图 7-17 所示。再次单击文字，使其处于旋转状态，向右拖曳文字上方中间的控制手柄到适当的位置，使文字倾斜，效果如图 7-18 所示。用相同的方法制作其他文字，效果如图 7-19 所示。

图 7-16

超薄液晶
HD-880i

图 7-17

超薄液晶
HD-880i

图 7-18

超薄液晶
HD-880i

图 7-19

7.1.3 制作宣传文字

（1）选择"文本"工具 字，输入需要的文字。选择"选择"工具 ，在属性栏中选择合适的字体并设置文字大小，效果如图 7-20 所示。按 F11 键，弹出"渐变填充"对话框，点选"双色"单选框，将"从"选项颜色的 CMYK 值设为 0、0、100、0，"到"选项颜色的 CMYK 值设为 0、0、0、0，其他选项的设置如图 7-21 所示，单击"确定"按钮，填充文字，效果如图 7-22 所示。

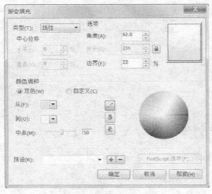

图 7-20　　　　　　　　　　　　图 7-21　　　　　　　　　　　　图 7-22

（2）选择"贝塞尔"工具 ，绘制一个图形，如图 7-23 所示。按 F11 键，弹出"渐变填充"对话框，点选"双色"单选框，将"从"选项颜色的 CMYK 值设为 0、0、100、0，"到"选项颜色的 CMYK 值设为 40、0、100、0，其他选项的设置如图 7-24 所示，单击"确定"按钮，填充图形，并去除图形的轮廓线，效果如图 7-25 所示。

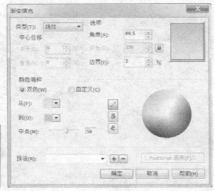

图 7-23　　　　　　　　　　　　图 7-24　　　　　　　　　　　　图 7-25

（3）选择"效果 > 图框精确剪裁 > 放置在容器中"命令，鼠标指针变为黑色箭头，在文字上单击，如图 7-26 所示，将图形置入文字中，效果如图 7-27 所示。

图 7-26　　　　　　　　　　　图 7-27

（4）选择"阴影"工具 ，在文字上从中心向右拖曳光标，为文字添加阴影效果。在属性栏中进行设置，如图 7-28 所示，按 Enter 键，效果如图 7-29 所示。

图 7-28　　　　　　　　　　　　　　图 7-29

（5）选择"文本"工具 字，输入需要的文字。选择"选择"工具 ，在属性栏中选择合适的字体并设置文字大小，效果如图 7-30 所示。

图 7-30

7.1.4　添加说明表格

（1）选择"表格"工具 ，在属性栏中进行设置，如图 7-31 所示，在页面中拖曳指针绘制表格，设置填充色的 CMYK 值为 40、0、0、0，填充表格，效果如图 7-32 所示。

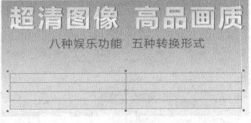

图 7-31　　　　　　　　　　　　　　图 7-32

（2）选择"文本"工具 字，在属性栏中选择合适的字体和文字大小。选择"文本 > 文本属性"命令，弹出"文本属性"面板，设置如图 7-33 所示。将文字工具置于表格第一行第一列，出现蓝色线时，如图 7-34 所示，单击插入光标，如图 7-35 所示，输入需要的文字，效果如图 7-36 所示。用相同的方法输入其他文字，效果如图 7-37 所示。

图 7-33　　　　　　　　图 7-34　　　　　　　　图 7-35

图 7-36 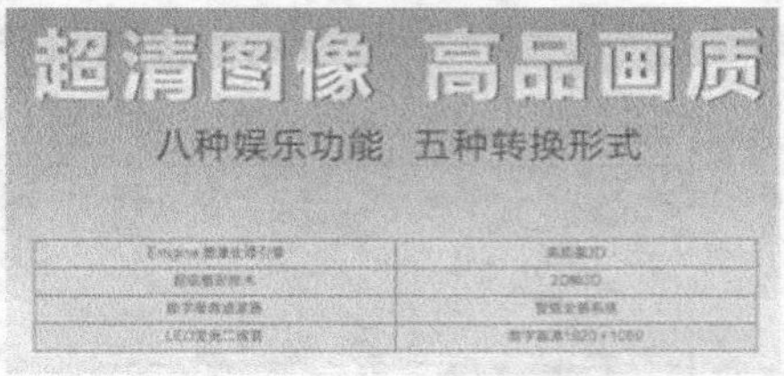　　　　　　　　　图 7-37

7.1.5　制作标志图形和文字

（1）选择"文本"工具 字，在页面中输入需要的文字。选择"选择"工具 ，在属性栏中选择合适的字体并设置文字大小，设置文字颜色的 CMYK 值为 0、0、20、0，填充文字，效果如图 7-38 所示。选择"椭圆形"工具 ，按住 Ctrl 键的同时，绘制一个圆形，设置图形颜色的 CMYK 值为 0、0、20、0，填充图形，并去除图形的轮廓线，效果如图 7-39 所示。

图 7-38 　　　　　　　　　　图 7-39

（2）选择"文本"工具 字，分别输入需要的文字。选择"选择"工具 ，在属性栏中分别选择合适的字体并设置文字大小，设置文字颜色的 CMYK 值为 0、0、20、0，填充文字，效果如图 7-40 所示。选择文字"Thinking"，选择"形状"工具 ，向左拖曳文字下方的 图标，调整文字的字距，效果如图 7-41 所示。用相同的方法调整其他文字的字距，效果如图 7-42 所示。

图 7-40 　　　　　　　图 7-41 　　　　　　　图 7-42

（3）选择"贝塞尔"工具 ，在文字的左侧绘制一条不规则的曲线，如图 7-43 所示。选择"椭圆形"工具 ，按住 Ctrl 键的同时，在页面中绘制一个圆形，单击"CMYK 调色板"中的"红"色块，填充图形，并去除图形的轮廓线，效果如图 7-44 所示。再绘制一个圆形，单击"CMYK 调色板"中的"黄"色块，填充图形，并去除图形的轮廓线，效果如图 7-45 所示。

图 7-43 　　　　　　　图 7-44 　　　　　　　图 7-45

（4）选择"调和"工具 🔧，将光标在两个圆形之间拖曳，在属性栏中进行设置，如图 7-46 所示，按 Enter 键，效果如图 7-47 所示。

图 7-46

图 7-47

（5）选择"选择"工具 🔧，选取调和图形，单击属性栏中的"路径属性"按钮 🔧，并在下拉菜单中选择"新路径"命令，如图 7-48 所示。鼠标的光标变为黑色的弯曲箭头，在路径上单击，如图 7-49 所示，调和图形沿路径进行调和，效果如图 7-50 所示。在"CMYK 调色板"中的"无填充"按钮 ☒ 上单击鼠标右键，取消路径的填充。

图 7-48

图 7-49

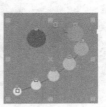

图 7-50

7.1.6　添加产品介绍

（1）选择"矩形"工具 ▢，绘制一个矩形，在属性栏中将"圆角半径" 选项均设为 2mm，按 Enter 键，效果如图 7-51 所示。

（2）选择"文件 > 导入"命令，弹出"导入"对话框。选择光盘中的"Ch07 > 素材 > 液晶电视宣传单设计 > 03"文件，单击"导入"按钮，在页面中单击导入图片，如图 7-52 所示。

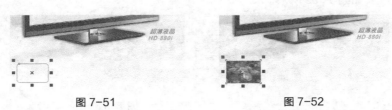

图 7-51

图 7-52

（3）选择"选择"工具 🔧，选取导入的图片，按 Ctrl+PageDown 组合键，将其置后一位，效果如图 7-53 所示。选择"效果 > 图框精确剪裁 > 放置在容器中"命令，鼠标的光标变为黑色箭头形状，在圆角矩形上单击，如图 7-54 所示，将其置入圆角矩形中，并去除圆角矩形的轮廓线，效果如图 7-55 所示。用相同的方法制作其他图片，效果如图 7-56 所示。

图 7-53

图 7-54

图 7-55

图 7-56

（4）选择"矩形"工具 □，绘制一个矩形，如图 7-57 所示。选择"渐变填充"工具 ■，弹出"渐变填充"对话框，点选"双色"单选框，将"从"选项颜色的 CMYK 值设置为 100、20、0、0，"到"选项颜色的 CMYK 值设置为 40、0、100、0，其他选项的设置如图 7-58 所示，单击"确定"按钮，填充图形，并去除图形的轮廓线，效果如图 7-59 所示。

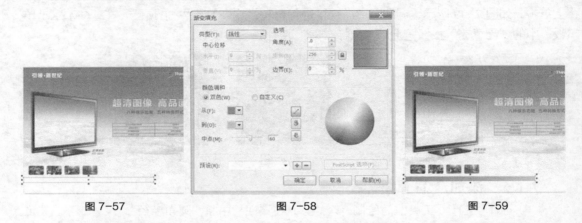

图 7-57   图 7-58   图 7-59

（5）选择"透明度"工具 ⌂，在图形上从左向右拖曳鼠标，为图形添加透明度效果。在属性栏中进行设置，如图 7-60 所示，按 Enter 键，效果如图 7-61 所示。选择"文本"工具 字，输入需要的文字。选择"选择"工具 ▯，在属性栏中选择合适的字体并设置文字大小，填充文字为白色，效果如图 7-62 所示。

图 7-60   图 7-61

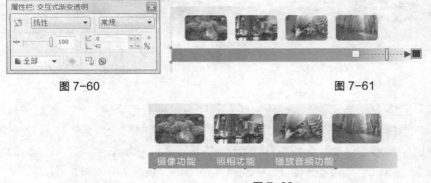

图 7-62

（6）选择"文本"工具 字，在适当的位置插入光标，如图 7-63 所示。选择"文本 > 插入字符"命令，在弹出的对话框中进行设置，如图 7-64 所示，单击"插入"按钮，在光标处插入字符，如图 7-65 所示。选取插入的字符，在属性栏中设置适当的大小，效果如图 7-66 所示。

图 7-63   图 7-64   图 7-65   图 7-66

（7）使用相同的方法添加需要的字符，效果如图 7-67 所示。选择"选择"工具 ，按住 Shift 键的同时，单击渐变条和文字，将其同时选取，按 E 键，进行水平居中对齐，效果如图 7-68 所示。

图 7-67

图 7-68

7.1.7　制作图片的倒影效果

（1）选择"2 点线"工具 ，按住 Shift 键的同时，绘制一条直线，如图 7-69 所示。在属性栏中将"轮廓宽度" .2 mm 选项设为 1.5pt。在"CMYK 调色板"中的"40%黑"色块上单击鼠标右键，填充直线，效果如图 7-70 所示。

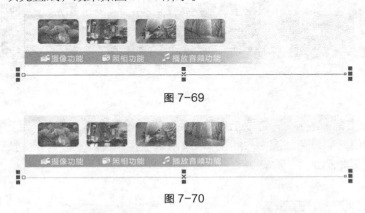

图 7-69

图 7-70

（2）选择"文件 > 导入"命令，弹出"导入"对话框。选择光盘中的"Ch07 > 素材 > 摄像产品宣传单设计 > 07"文件，单击"导入"按钮，在页面中单击导入图片，并拖曳到适当的位置，如图 7-71 所示。选择"选择"工具 ，选取图片，单击数字键盘上的+键，复制图片。按住 Ctrl 键的同时，向下拖曳图片上方中间的控制手柄到适当的位置，效果如图 7-72 所示。

（3）选择"透明度"工具，在图片上从上至下拖曳光标，在属性栏中进行设置，如图7-73所示，按 Enter 键，效果如图 7-74 所示。

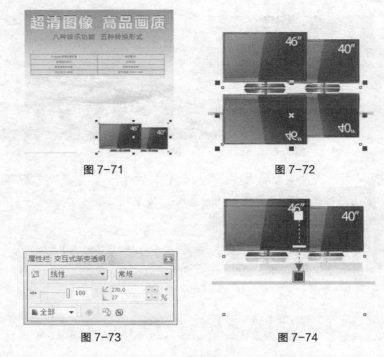

图 7-71　　　　　　　　　　图 7-72

图 7-73　　　　　　　　　　图 7-74

（4）选择"贝塞尔"工具，在页面中绘制一条折线，在属性栏中的"轮廓宽度"框中设置数值为 1.4pt，按 Enter 键，如图 7-75 所示。选择"选择"工具，按数字键盘上的+键，复制一条折线，并将其拖曳到适当的位置，如图 7-76 所示。单击属性栏中的"水平镜像"按钮，水平翻转复制的图形，效果如图 7-77 所示。

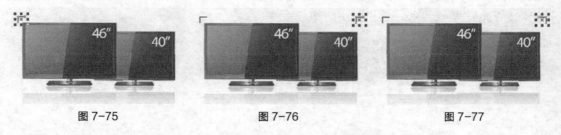

图 7-75　　　　　　　图 7-76　　　　　　　图 7-77

（5）选择"选择"工具，选取上方的两条折线，按数字键盘上的+键，复制图形，并将其拖曳到适当的位置，效果如图 7-78 所示。单击属性栏中的"垂直镜像"按钮，垂直翻转复制的图形，效果如图 7-79 所示。

图 7-78　　　　　　　　　　图 7-79

（6）选择"文本"工具 ，分别在页面中输入需要的文字。选择"选择"工具 ，在属性栏中分别选择合适的字体并设置文字大小，效果如图 7-80 所示。选择文本"新品上市"。选择"轮廓图"工具 ，在属性栏中将"填充色"的 CMYK 值设置为 0、100、100、0，其他选项的设置如图 7-81 所示，按 Enter 键，效果如图 7-82 所示。在"CMYK 调色板"中的"白"色块上单击鼠标左键，填充文字，效果如图 7-83 所示。

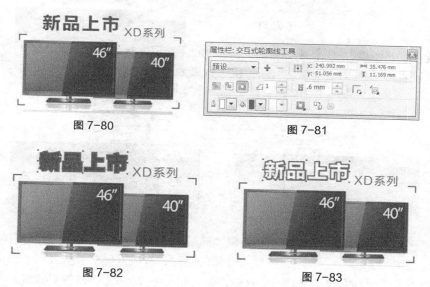

图 7-80

图 7-81

图 7-82

图 7-83

（7）选择"封套"工具 ，文字的编辑状态如图 7-84 所示，单击属性栏中的"非强制模式"按钮 ，按住鼠标左键，分别拖曳控制线的节点到适当的位置，效果如图 7-85 所示。

图 7-84

图 7-85

7.1.8　绘制记忆卡及其他信息

（1）选择"矩形"工具 ，绘制一个矩形，在属性栏中进行设置，如图 7-86 所示，按 Enter 键，效果如图 7-87 所示。设置图形颜色的 CMYK 值为 100、50、0、0，填充图形，并去除图形的轮廓线，如图 7-88 所示。

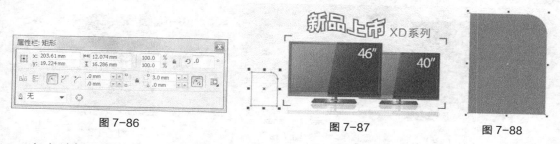

图 7-86

图 7-87

图 7-88

（2）选择"矩形"工具 ，绘制一个矩形，填充图形为黑色，在属性栏中进行设置，如图 7-89 所示，按 Enter 键，效果如图 7-90 所示。

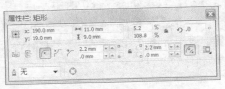

图 7-89　　　　　　　图 7-90

（3）选择"透明度"工具 ，在图形上从上向下拖曳光标，为图形添加透明度效果。在属性栏中的设置如图 7-91 所示，按 Enter 键，效果如图 7-92 所示。

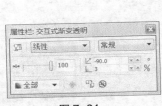

图 7-91　　　　　　　图 7-92

（4）选择"手绘"工具 ，按住 Ctrl 键的同时，绘制一条直线，填充为白色，效果如图 7-93 所示。选择"选择"工具 ，按住 Ctrl 键的同时，按住鼠标左键垂直向下拖曳直线，在适当的位置上单击鼠标右键，复制一条直线，效果如图 7-94 所示。按住 Ctrl 键，再连续按 D 键，复制出多条直线，效果如图 7-95 所示。

图 7-93　　　　　图 7-94　　　　　图 7-95

（5）选择"选择"工具 ，用圈选的方法选取原图形和再制后的图形，按 Ctrl+G 组合键，将其群组，效果如图 7-96 所示。选择"透明度"工具 ，在属性栏中的设置如图 7-97 所示，按 Enter 键，效果如图 7-98 所示。

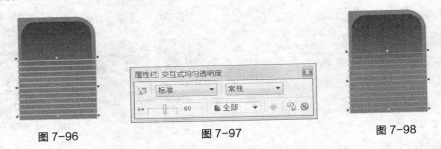

图 7-96　　　　　　　图 7-97　　　　　　　图 7-98

（6）选择"文本"工具 ，输入需要的文字。选择"选择"工具 ，在属性栏中选择合适的字体并设置文字大小，填充为白色，效果如图 7-99 所示。再次单击文字，使其处于旋转状态，水平向右拖曳文字上方中间的控制手柄，使文字倾斜，效果如图7-100所示。选择"形状"工具，向左拖曳文字下方的图标，调整文字的字距，效果如图7-101所示。

（7）选择"文本"工具，输入需要的文字。选择"选择"工具，在属性栏中选择合适的字体并设置文字大小。设置文字颜色的CMYK值为7、0、93、0，填充文字，效果如图7-102所示。

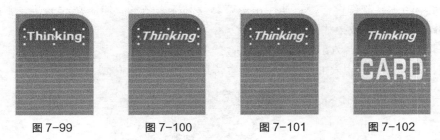

图7-99　　　　　　图7-100　　　　　　图7-101　　　　　　图7-102

（8）选择"文本"工具，输入需要的文字。选择"选择"工具，在属性栏中选择合适的字体并设置文字大小，设置文字颜色的CMYK值为0、0、100、0，填充文字。在"CMYK调色板"中的"黑"色块上单击鼠标右键，填充文字的轮廓线，效果如图7-103所示。选取文字，单击属性栏中的"粗体"按钮，将文字加粗，效果如图7-104所示。再次单击文字，使其处于旋转状态，向右拖曳文字上边中间的控制手柄到适当的位置，松开鼠标，将文字倾斜，效果如图7-105所示。

图7-103　　　　　　图7-104　　　　　　图7-105

（9）选择"文本"工具，输入需要的文字。选择"选择"工具，在属性栏中选择合适的字体并设置文字大小，效果如图7-106所示。液晶电视宣传单制作完成，效果如图7-107所示。

图7-106　　　　　　　　　　　　　　　图7-107

（10）按Ctrl+S组合键，弹出"保存图形"对话框，将制作好的图像命名为"液晶电视宣传单"，保存为CDR格式，单击"保存"按钮，将图像保存。

7.2　课后习题——戒指宣传单设计

【习题知识要点】在 Photoshop 中，使用羽化命令制作图形的模糊效果；使用圆角矩形工具和高斯模糊命令制作戒指投影；使用自定义形状工具绘制装饰花形。在 CorelDRAW 中，使用文本和绘图工具制作宣传语；使用星形工具绘制标志图形；使用文本工具添加其他文字效果。戒指宣传单设计效果如图 7-108 所示。

【素材所在位置】光盘/Ch07/素材/戒指宣传单设计/01~03。

【效果所在位置】光盘/Ch07/效果/戒指宣传单设计/戒指宣传单.cdr。

图 7-108

PART 8

第8章
广告设计

本章介绍

广告以多样的形式出现在城市中，是城市商业发展的写照，并通过电视、报纸和霓虹灯等媒介来发布。好的广告要强化视觉冲击力，抓住观众的视线。广告是重要的宣传媒体之一，具有实效性强、受众广泛、宣传力度大的特点。本章以房地产广告和汽车广告设计为例，讲解广告的设计方法和制作技巧。

学习目标

- 在 Photoshop 软件中制作背景图并添加广告主体。
- 在 CorelDRAW 软件中添加其他相关信息。

技能目标

- 掌握"房地产广告设计"的制作方法。
- 掌握"汽车广告设计"的制作方法。

8.1 房地产广告设计

【案例学习目标】在 Photoshop 中，使用图层面板、绘图工具和渐变工具制作背景图片的融合；使用选取工具、修改命令和反选命令制作云图形。在 CorelDRAW 中，使用绘图工具和交互式工具制作印章；使用文本工具添加宣传文字。

【案例知识要点】在 Photoshop 中，使用径向模糊滤镜命令、图层蒙版命令和渐变工具制作背景发光效果；使用渐变工具、图层蒙版命令和画笔工具制作背景图片；使用色相/饱和度命令和亮度/对比度命令制作云图片。在 CorelDRAW 中，使用文本工具添加广告语和内容文字；使用贝塞尔工具和调和工具制作印章图形；使用插入字符命令插入需要的字符图形。房地产广告效果如图 8-1 所示。

【效果所在位置】光盘/Ch08/效果/房地产广告设计/房地产广告.cdr。

图 8-1

Photoshop 应用

8.1.1 制作背景发光效果

（1）按 Ctrl+N 组合键，新建一个文件：宽度为 19.8cm，高度为 24cm，分辨率为 300 像素/英寸，颜色模式为 RGB，背景内容为白色。选择"渐变"工具 ，单击属性栏中的"点按可编辑渐变"按钮 ，弹出"渐变编辑器"对话框，在"预设"选项组中选择"橙、黄、橙渐变"选项，如图 8-2 所示，单击"确定"按钮。按住 Shift 键的同时，在"背景"图层中从上向下拖曳渐变色，效果如图 8-3 所示。

图 8-2

图 8-3

（2）按 Ctrl+O 组合键，打开光盘中的"Ch08 > 素材 > 房地产广告设计 > 01"文件。选择"移动"工具 ，将天空图形拖曳到图像窗口中适当的位置，如图 8-4 所示。在"图层"控制面板中生成新的图层并将其命名为"天空"。

（3）选择"滤镜 > 模糊 > 径向模糊"命令，在弹出的对话框中进行设置，如图 8-5 所示，单击"确定"按钮，图像效果如图 8-6 所示。

图 8-4

图 8-5

图 8-6

（4）单击"图层"控制面板下方的"添加图层蒙版"按钮 ，为"天空"图层添加蒙版，如图 8-7 所示。选择"渐变"工具 ，单击属性栏中的"点按可编辑渐变"按钮 ，弹出"渐变编辑器"对话框，将渐变色设为从白色到黑色，单击"确定"按钮。在图像窗口中从上到中间拖曳渐变色，效果如图 8-8 所示。

图 8-7

图 8-8

（5）在"图层"控制面板上方，将"天空"图层的混合模式设为"颜色减淡"，如图 8-9 所示，图像窗口中的效果如图 8-10 所示。

图 8-9

图 8-10

8.1.2　置入图片并制作图片效果

（1）按 Ctrl+O 组合键，打开光盘中的"Ch08 > 素材 > 房地产广告设计 > 02"文件，选择"移动"工具 ，将房子图形拖曳到图像窗口中适当的位置，如图 8-11 所示。在"图层"控制面板中生成新的图层并将其命名为"房子"。

（2）在"图层"控制面板上方，将"房子"图层的混合模式设为"正片叠底"，如图 8-12 所示，图像窗口中的效果如图 8-13 所示。

图 8-11   图 8-12   图 8-13

（3）新建图层并将其命名为"房子 2"。按住 Ctrl 键的同时，单击"房子"图层的图层缩览图，载入选区，如图 8-14 所示。选择"渐变"工具 ，单击属性栏中的"点按可编辑渐变"按钮 ，弹出"渐变编辑器"对话框，将渐变色设为从黑色到红色（其 R、G、B 的值分别为 216、0、24），如图 8-15 所示，单击"确定"按钮。按住 Shift 键的同时，在选区中从上向下拖曳渐变色，效果如图 8-16 所示。按 Ctrl+D 组合键，取消选区。

图 8-14   图 8-15   图 8-16

（4）单击"图层"控制面板下方的"添加图层蒙版"按钮 ，为"房子 2"图层添加蒙版，如图 8-17 所示。选择"画笔"工具 ，在属性栏中单击"画笔"选项右侧的按钮 ，弹出画笔选择面板，选择需要的画笔形状，如图 8-18 所示。在图像窗口中拖曳鼠标擦除不需要的图像，效果如图 8-19 所示。

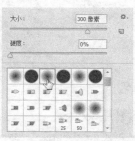

图 8-17   图 8-18   图 8-19

（5）房地产广告背景制作完成。按 Ctrl+Shift+E 组合键，合并可见图层。按 Ctrl+S 组合键，弹出"存储为"对话框，将制作好的图像命名为"广告背景图"，保存为 TIFF 格式，单击"保存"按钮，弹出"TIFF 选项"对话框，单击"确定"按钮，将图像保存。

8.1.3 编辑云图片

（1）按 Ctrl+O 组合键，打开光盘中的"Ch08 > 素材 > 房地产广告设计 > 05"文件，如图 8-20 所示。双击"背景"图层，将其转换为普通层。选择"魔棒"工具，在属性栏中将"容差"选项设为 35，在图片上单击生成选区，如图 8-21 所示。

图 8-20

图 8-21

（2）按 Ctrl+Shift+I 组合键，将选区反选。选择"选择 > 修改 > 羽化"命令，在弹出的对话框中进行设置，如图 8-22 所示，单击"确定"按钮，效果如图 8-23 所示。按 Ctrl+Shift+I 组合键，再将选区反选。按 Delete 键，将选区中的图像删除。按 Ctrl+D 组合键，取消选区，效果如图 8-24 所示。

图 8-22

图 8-23

图 8-24

（3）选择"图像 > 调整 > 色相/饱和度"命令，弹出"色相/饱和度"对话框，选项的设置如图 8-25 所示，单击"确定"按钮，效果如图 8-26 所示。

图 8-25

图 8-26

（4）选择"图像 > 调整 > 亮度/对比度"命令，弹出"亮度/对比度"对话框，选项的设置如图 8-27 所示，单击"确定"按钮，效果如图 8-28 所示。云 1 图片制作完成。按 Shift+Ctrl+S 组合键，弹出"存储为"对话框，将制作好的图像命名为"05"，保存为 PSD 格式，单击"确定"按钮，将图像保存。

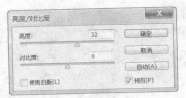

图 8-27

图 8-28

（5）按 Ctrl+O 组合键，打开光盘中的"Ch08 > 素材 > 房地产广告设计 > 06"文件，如图 8-29 所示。双击"背景"图层，将其转换为普通层。选择"魔棒"工具 ，在属性栏中将"容差"选项设为 60，并在 06 图片上单击，生成选区，如图 8-30 所示。

图 8-29

图 8-30

（6）按 Ctrl+Shift+I 组合键，将选区反选。选择"选择 > 修改 > 羽化"命令，弹出"羽化选区"对话框，选项的设置如图 8-31 所示，单击"确定"按钮，效果如图 8-32 所示。按 Ctrl+Shift+I 组合键，将选区反选。按 Delete 键，将选区中图像删除。按 Ctrl+D 组合键，取消选区，效果如图 8-33 所示。

图 8-31

图 8-32

图 8-33

（7）选择"图像 > 调整 > 色相/饱和度"命令，弹出"色相/饱和度"对话框，选项的设置如图 8-34 所示，单击"确定"按钮，图像效果如图 8-35 所示。

图 8-34

图 8-35

（8）选择"图像 > 调整 > 亮度/对比度"命令，弹出"亮度/对比度"对话框，选项的设置如图 8-36 所示，单击"确定"按钮，效果如图 8-37 所示。云 2 图片制作完成。按 Shift+Ctrl+S 组合键，弹出"存储为"对话框，将制作好的图像命名为"06"，保存为 PSD 格式，单击"确定"按钮，将图像保存。

图 8-36   图 8-37

CorelDRAW 应用

8.1.4 处理背景并添加文字

（1）打开 CorelDRAW X6 软件，按 Ctrl+N 组合键，新建一个 A4 页面。双击"矩形"工具 ▢，绘制一个与页面大小相等的矩形，设置文字颜色的 CMYK 值为 0、0、20、0，填充图形，并去除图形的轮廓线，效果如图 8-38 所示。

（2）选择"文件 > 导入"命令，弹出"导入"对话框。选择光盘中的"Ch08 > 效果 > 房地产广告设计 > 广告背景图"文件，单击"导入"按钮，在页面中单击导入图片，如图 8-39 所示。

图 8-38   图 8-39

（3）选择"排列 > 对齐和分布 > 对齐与分布"命令，弹出"对齐与分布"对话框，选项的设置如图 8-40 所示，单击"应用"按钮，效果如图 8-41 所示。

图 8-40   图 8-41

（4）按住 Ctrl 键的同时，将置入的图片垂直向下拖曳到适当的位置，效果如图 8-42 所示。选择"文本"工具 ，在页面中输入需要的文字。选择"选择"工具 ，在属性栏中选择合适的字体并设置文字大小，效果如图 8-43 所示。

图 8-42   图 8-43

8.1.5　制作印章

（1）选择"贝塞尔"工具 ，绘制一个印章的轮廓线，如图 8-44 所示。选择"选择"工具 ，按数字键盘上的+键，复制一个轮廓线，并拖曳复制的轮廓线到适当的位置，如图 8-45 所示。

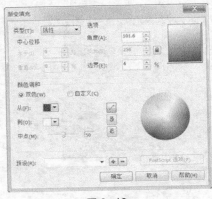

图 8-44   图 8-45

（2）选择"选择"工具 ，选取原轮廓线。选择"渐变填充"工具 ，弹出"渐变填充"对话框，选择"双色"选项，将"从"选项颜色的 CMYK 值设置为 0、0、0、100，"到"选项颜色 CMYK 值设置为 0、0、0、0，其他选项的设置如图 8-46 所示，单击"确定"按钮，图形被填充，并去除图形的轮廓线，效果如图 8-47 所示。

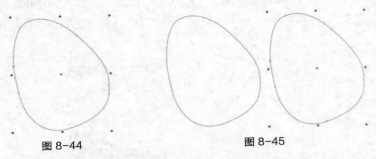

图 8-46   图 8-47

（3）按数字键盘上的+键，复制一个图形，拖曳到适当的位置，如图 8-48 所示。选择"渐变填充"工具 ，弹出"渐变填充"对话框，选择"双色"选项，将"从"选项颜色的 CMYK 值设置为 0、100、100、0，"到"选项颜色的 CMYK 值设置为 0、60、100、0，其他选项的设置如图 8-49 所示，单击"确定"按钮，填充图形，效果如图 8-50 所示。

图 8-48

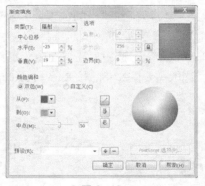

图 8-49

图 8-50

（4）选择"调和"工具 ，在两个图形之间拖曳光标，如图 8-51 所示，在属性栏中进行设置，如图 8-52 所示，按 Enter 键，效果如图 8-53 所示。选择"选择"工具 ，选取复制的轮廓线，拖曳到适当的位置，并调整其大小，效果如图 8-54 所示。

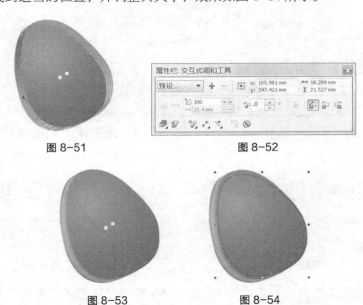

图 8-51

图 8-52

图 8-53

图 8-54

（5）选择"文本"工具 ，在印章中适当的位置分别输入文字"别、墅"。选择"选择"工具 ，在属性栏中选择合适的字体并设置文字大小，旋转到适当的角度，效果如图 8-55 所示。选择"选择"工具 ，用圈选的方法将绘制的图形和文字同时选取，按 Ctrl+G 组合键，将其群组，效果如图 8-56 所示。

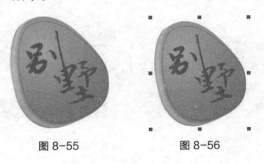

图 8-55

图 8-56

（6）选择"选择"工具，拖曳印章到适当的位置，并旋转到适当的角度，如图 8-57 所示。按 Ctrl+I 组合键，弹出"导入"对话框，同时选择光盘中的"Ch08 ＞ 效果 ＞ 房地产广告设计 ＞ 05、06"文件，单击"导入"按钮，在页面中分别单击导入图片，并拖曳到适当的位置，效果如图 8-58 所示。选取需要的文字，按 Shift+PageUp 组合键，将文字调整到最上层，效果如图 8-59 所示。

图 8-57

图 8-58

图 8-59

8.1.6 添加广告语

（1）选择"文本"工具，分别输入需要的文字。选择"选择"工具，在属性栏中分别选择合适的字体并设置文字大小，填充适当的颜色，效果如图 8-60 所示。选择文字"皇城的体验……"。选择"形状"工具，向左拖曳文字下方的图标，调整文字的字距，效果如图 8-61 所示。

图 8-60

图 8-61

（2）选择"选择"工具，选择文字"在帝皇上城……"。选择"形状"工具，向下拖曳文字下方的图标，调整文字的行距，效果如图 8-62 所示。

（3）选择"文本"工具，分别输入需要的文字。选择"选择"工具，在属性栏中分别选择合适的字体并设置文字大小，填充为白色，效果如图 8-63 所示。

图 8-62

图 8-63

8.1.7 添加内容图片和文字

（1）选择"文件 > 导入"命令，弹出"导入"对话框。选择光盘中的"Ch08 > 素材 > 房地产广告设计 > 03"文件，单击"导入"按钮，在页面中单击导入图片，并拖曳到适当的位置，效果如图 8-64 所示。

（2）选择"椭圆形"工具 ○，按住 Ctrl 键的同时，绘制一个圆形，设置圆形颜色的 CMYK 值为 0、20、100、0，填充圆形，并去除圆形的轮廓线，效果如图 8-65 所示。

图 8-64

图 8-65

（3）选择"选择"工具 ，按住 Ctrl 键的同时，水平向右拖曳圆形，并在适当的位置上单击鼠标右键，复制一个新的圆形，效果如图 8-66 所示。按住 Ctrl 键，再连续按 D 键，复制出多个图形，效果如图 8-67 所示。

图 8-66

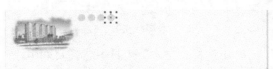

图 8-67

（4）选择"手绘"工具 ，按住 Ctrl 键的同时，绘制一条直线，如图 8-68 所示。按 F12 键，弹出"轮廓笔"对话框，在"样式"选项下拉列表中选择需要的轮廓样式，其他选项的设置如图 8-69 所示，单击"确定"按钮，效果如图 8-70 所示。

图 8-68

图 8-69

图 8-70

（5）选择"选择"工具 ，用圈选的方法将圆形和直线同时选取，按 Ctrl+G 组合键，将其群组，如图 8-71 所示。按住 Ctrl 键的同时，按住鼠标左键水平向右拖曳图形，并在适当的位置上单击鼠标右键，复制一个新的图形，效果如图 8-72 所示。按住 Ctrl 键，再连续按 D 键，复制出多个图形，效果如图 8-73 所示。按 Ctrl+U 组合键，取消群组，选取需要的直线，按 Delete 键，删除不需要的图形，效果如图 8-74 所示。

图 8-71　　　　　　　　　　　　　　　　　　图 8-72

图 8-73　　　　　　　　　　　　　　　　　　图 8-74

（6）选择"文本"工具 字，在圆形的适当位置输入需要的文字。选择"选择"工具 ，在属性栏中选择合适的字体并设置文字大小，效果如图 8-75 所示。选择"形状"工具 ，向右拖曳文字下方的 图标，调整文字的字距，效果如图 8-76 所示。

图 8-75　　　　　　　　　　　　　　　　　　图 8-76

（7）选择"文本"工具 字，在页面中输入需要的文字。选择"选择"工具 ，在属性栏中选择合适的字体并设置文字大小，效果如图 8-77 所示。选择"文本"工具 字，选取需要的文字，如图 8-78 所示。选择"文本 > 文本属性"命令，弹出"文本属性"面板，将"字符"选项组中的"位置"选项设置为"上标"，如图 8-79 所示，文字效果如图 8-80 所示。

图 8-77　　　　　　　　　　　　　　　　　　图 8-78

图 8-79　　　　　　　　　图 8-80

（8）选择“文本”工具，分别选取需要的文字，选择“选择”工具，在属性栏中选择合适的字体并设置文字大小，效果如图 8-81 所示。选择“文本”工具，分别选取需要的文字，设置文字颜色的 CMYK 值为 0、100、100、30，填充文字，效果如图 8-82 所示。

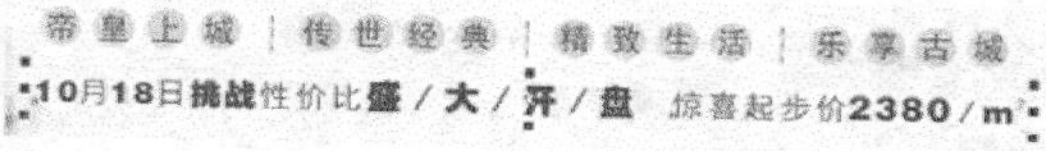

帝皇上城 | 传世经典 | 精致生活 | 乐享古城
10月18日挑战性价比盛 / 大 / 开 / 盘 惊喜起步价2380 / m²

图 8-81

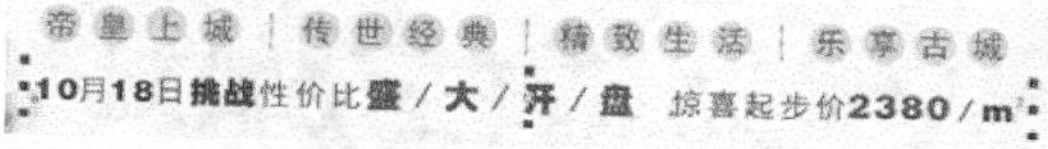

帝皇上城 | 传世经典 | 精致生活 | 乐享古城
10月18日挑战性价比盛 / 大 / 开 / 盘 惊喜起步价2380 / m²

图 8-82

（9）选择“文本”工具，在适当的位置输入需要的文字。选择“选择”工具，分别选取需要的文字，在属性栏中选择合适的字体并设置文字大小，效果如图 8-83 所示。选择“形状”工具，向下拖曳文字下方的图标，调整文字的行距，效果如图 8-84 所示。

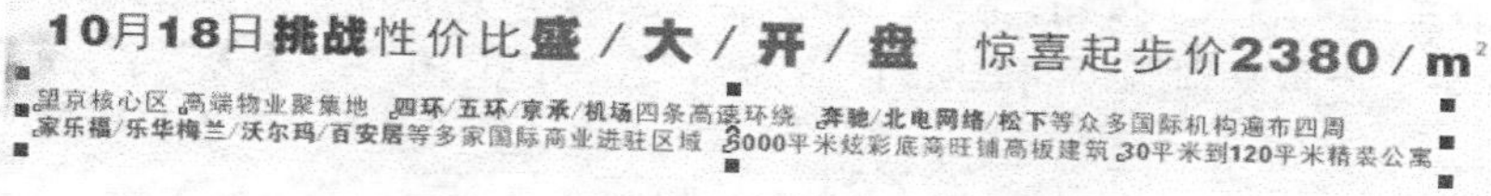

10月18日挑战性价比盛 / 大 / 开 / 盘 惊喜起步价2380 / m²
望京核心区 高端物业聚集地 四环/五环/京承/机场四条高速环绕 奔驰/北电网络/松下等众多国际机构遍布四周
家乐福/乐华梅兰/沃尔玛/百安居等多家国际商业进驻区域 6000平米炫彩底商旺铺高板建筑 30平米到120平米精装公寓

图 8-83

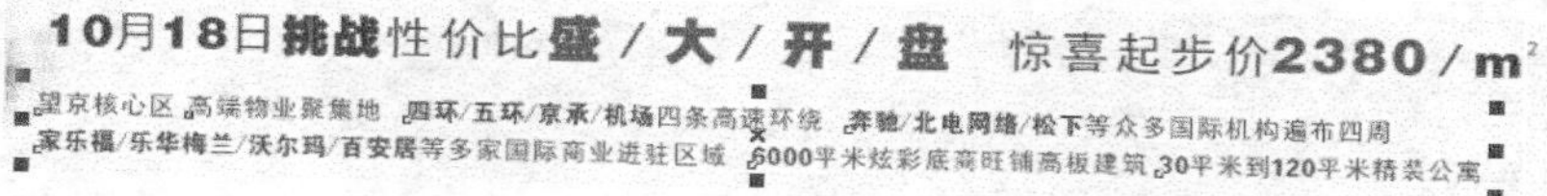

10月18日挑战性价比盛 / 大 / 开 / 盘 惊喜起步价2380 / m²
望京核心区 高端物业聚集地 四环/五环/京承/机场四条高速环绕 奔驰/北电网络/松下等众多国际机构遍布四周
家乐福/乐华梅兰/沃尔玛/百安居等多家国际商业进驻区域 6000平米炫彩底商旺铺高板建筑 30平米到120平米精装公寓

图 8-84

（10）选择“文本”工具，在需要插入字符的位置上单击，插入光标，如图 8-85 所示。选择“文本 > 插入字符”命令，弹出“插入字符”对话框，选取需要的字符，如图 8-86 所示，单击“插入”按钮，将字符插入，效果如图 8-87 所示。

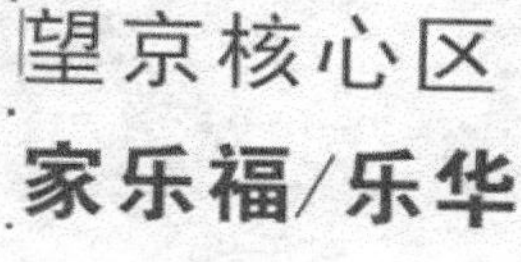

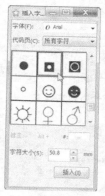

望京核心区
家乐福/乐华

图 8-85

插入字...
字体(F):
Arial
代码页(C):
所有字符
字符大小(S):
50.8
mm
插入(I)

图 8-86

望京核心区
家乐福/乐华梅

图 8-87

（11）选择“文本”工具，选取插入的字符，调整其大小。设置字符颜色的 CMYK 值为 0、100、100、30，填充字符，效果如图 8-88 所示。用相同的方法插入另一个字符，并填充相同的颜色，效果如图 8-89 所示。

望京核心区
家乐福/乐华

图 8-88

望京核心区
家乐福/乐华

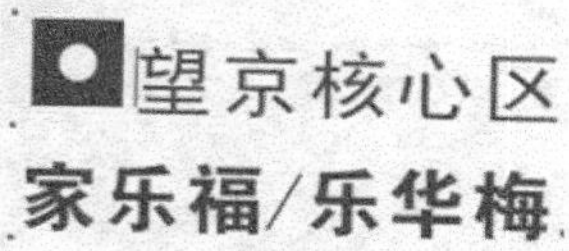

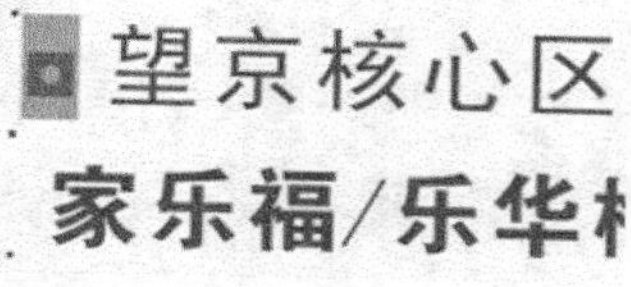

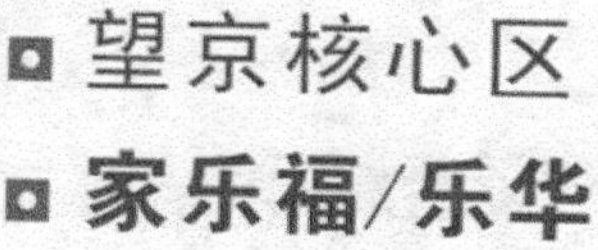

图 8-89

（12）选择"文本"工具 字，分别在页面中输入需要的文字。选择"选择"工具 ，分别在属性栏中选择合适的字体并设置文字大小，效果如图 8-90 所示。选择"文本"工具 字，在需要插入字符的位置上单击，插入光标，如图 8-91 所示。

图 8-90　　　　　　　　　　　　　　图 8-91

（13）选择"文本 > 插入字符"命令，弹出"插入字符"对话框，选择需要的字符，如图 8-92 所示，单击"插入"按钮，将字符插入，效果如图 8-93 所示。选择"文本"工具 字，选取需要的文字，设置文字颜色的 CMYK 值为 0、70、100、0，并填充文字，效果如图 8-94 所示。

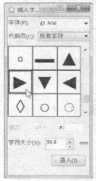
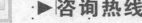

图 8-92　　　　　　图 8-93　　　　　　　　　　图 8-94

（14）选择"文本"工具 字，输入需要的文字。选择"选择"工具 ，在属性栏中选择合适的字体并设置文字大小，效果如图 8-95 所示。选择"形状"工具 ，向右拖曳文字下方的 图标，调整文字的字距，效果如图 8-96 所示。

图 8-95　　　　　　　　　　　　　　图 8-96

8.1.8　添加标识效果

（1）选择"贝塞尔"工具 ，在适当的位置绘制一个不规则图形，如图 8-97 所示。设置图形颜色的 CMYK 值为 0、60、100、0，填充图形，并去除图形的轮廓线，效果如图 8-98 所示。

图 8-97　　　　　　　　　　　　　　图 8-98

（2）选择"文件 > 导入"命令，弹出"导入"对话框。选择光盘中的"Ch08 > 素材 >
房地产广告设计 > 04"文件，单击"导入"按钮，在页面中单击导入图片，并拖曳到适当
的位置，如图 8-99 所示。按 Esc 键，取消选取状态，房地产广告制作完成，效果如图 8-100
所示。

图 8-99　　　　　　　　　　　　　　图 8-100

（3）按 Ctrl+S 组合键，弹出"保存图形"对话框，将制作好的图像命名为"房地产广告"，
保存为 CDR 格式，单击"保存"按钮，将图像保存。

8.2　课后习题——汽车广告设计

【习题知识要点】在 Photoshop 中，使用图层蒙版命令、画笔工具和渐变工具制作背景图
片效果，使用画笔工具和图层的混合模式添加高光图形，使用钢笔工具和高斯模糊命令制作
汽车的阴影效果，使用色阶命令和色彩平衡命令调整图片颜色。在 CorelDRAW 中，使用矩
形工具、3 点矩形工具、倾斜命令、转曲命令和立体化命令制作标志图形，使用文本工具添加
广告语和内容文字，使用轮廓图工具制作轮廓化文字效果。使用形状工具调整字距和行距。
汽车广告效果如图 8-101 所示。

【素材所在位置】光盘/Ch08/素材/汽车广告设计/01~08。

【效果所在位置】光盘/Ch08/效果/汽车广告设计/汽车广告.cdr。

图 8-101

PART 9

第 9 章
海报设计

本章介绍

　　海报是广告艺术中的一种大众化载体，又名"招贴"或"宣传画"。由于海报具有尺寸大、远视性强、艺术性高的特点，因此，在宣传媒介中占有重要的位置。本章以茶艺海报和儿童学习海报为例，讲解海报的设计方法和制作技巧。

学习目标

- 在 Photoshop 软件中制作海报背景图。
- 在 CorelDRAW 软件中添加标题及相关信息。

技能目标

- 掌握"茶艺海报设计"的制作方法。
- 掌握"儿童学习海报"的制作方法。

9.1 茶艺海报设计

【案例学习目标】学习在 Photoshop 中使用蒙版、文字工具、填充工具和滤镜命令制作海报背景图。在 CorelDRAW 中使用编辑位图命令、文本工具和图形绘制工具添加标题及相关信息。

【案例知识要点】在 Photoshop 中，使用添加蒙版命令和渐变工具制作图片的合成效果；使用直排文字工具、字符面板和图层混合模式制作背景文字；使用画笔工具擦除图片中不需要的图像；使用画笔工具和高斯模糊滤镜命令制作烟雾效果。在 CorelDRAW 中，使用转换为位图命令和模式菜单中的黑白命令对导入的图片进行处理；使用轮廓色工具填充图片；使用插入符号字符命令插入需要的字符；使用椭圆形工具、合并命令、移除前面对象命令和使文本适合路径命令制作标志。茶艺海报效果如图 9-1 所示。

【效果所在位置】光盘/Ch09/效果/茶艺海报设计/茶艺海报.cdr。

图 9-1

Photoshop 应用

9.1.1 处理背景图片

（1）按 Ctrl+N 组合键，新建一个文件：宽度为 25cm，高度为 15cm，分辨率为 300 像素/英寸，颜色模式为 RGB，背景内容为白色，效果如图 9-2 所示。

（2）按 Ctrl+O 组合键，打开光盘中的 "Ch09 > 素材 > 茶艺海报设计 > 01" 文件，选择 "移动" 工具 ，将图片拖曳到图像窗口中适当的位置，如图 9-3 所示。在 "图层" 控制面板中生成新的图层并将其命名为 "图片"。

图 9-2

图 9-3

（3）按 Ctrl+O 组合键，打开光盘中的 "Ch09 > 素材 > 茶艺海报设计 > 02" 文件，选择 "移动" 工具 ，将茶叶图片拖曳到图像窗口中适当的位置，如图 9-4 所示。在 "图层"

控制面板中生成新的图层并将其命名为"茶叶"。

（4）单击"图层"控制面板下方的"添加图层蒙版"按钮 ，为"茶叶"图层添加蒙版，如图 9-5 所示。选择"渐变"工具，单击属性栏中的"点按可编辑渐变"按钮，弹出"渐变编辑器"对话框，将渐变色设为由黑色到白色，单击"确定"按钮，在图像窗口中从左上方向右下方拖曳渐变色，如图 9-6 所示，松开鼠标，效果如图 9-7 所示。

图 9-4　　　　　　　　　　　　　图 9-5

图 9-6　　　　　　　　　　　　图 9-7

9.1.2　添加并编辑背景文字

（1）打开光盘中的"Ch09 > 素材 > 茶艺海报设计 > 记事本"文件，按 Ctrl+A 组合键，选取文档中所有的文字，单击鼠标右键，在弹出的菜单中选择"复制"命令，复制文字，如图 9-8 所示。返回到 Photoshop 页面中，选择"直排文字"工具，在属性栏中选择合适的字体并设置文字大小，在页面中单击插入光标，粘贴文字，效果如图 9-9 所示。在"图层"控制面板中生成新的文字图层。

图 9-8　　　　　　　　　　　　图 9-9

（2）单击属性栏中的"切换字符和段落面板"按钮，弹出"字符"控制面板，选项的设置如图 9-10 所示，按 Enter 键，文字效果如图 9-11 所示。

图 9-10   图 9-11

（3）在"图层"控制面板上方，将文字图层的混合模式选项设为"柔光"，"不透明度"选项设为 40%，如图 9-12 所示，图像窗口中的效果如图 9-13 所示。

图 9-12   图 9-13

9.1.3　添加并编辑图片

（1）按 Ctrl+O 组合键，打开光盘中的"Ch09 > 素材 > 茶艺海报设计 > 03"文件，选择"移动"工具 ，将风景图片拖曳到图像窗口中适当的位置，如图 9-14 所示。在"图层"控制面板中生成新的图层并将其命名为"山川"。单击"图层"控制面板下方的"添加图层蒙版"按钮 ，为"山川"图层添加蒙版，如图 9-15 所示。

图 9-14   图 9-15

（2）选择"画笔"工具 ，在属性栏中单击"画笔"选项右侧的按钮，弹出画笔选择面板，在面板中选择需要的画笔形状，如图 9-16 所示。在图像窗口中拖曳鼠标擦除不需要的图像，效果如图 9-17 所示。

（3）在"图层"控制面板上方，将"山川"图层的混合模式选项设为"柔光"，"不透明度"选项设为 80%，如图 9-18 所示，图像效果如图 9-19 所示。

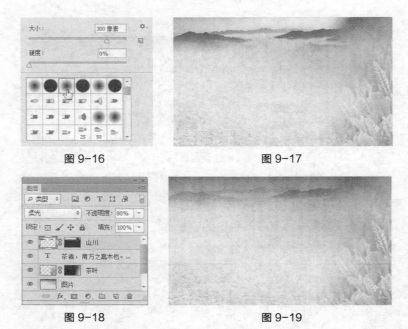

图 9-16   图 9-17

图 9-18   图 9-19

（4）按 Ctrl+O 组合键，打开光盘中的"Ch09 > 素材 > 茶艺海报设计 > 04"文件，选择"移动"工具，将墨迹图片拖曳到图像窗口中适当的位置，如图 9-20 所示。在"图层"控制面板中生成新的图层并将其命名为"墨"。

（5）在"图层"控制面板中，将"墨"图层的混合模式选项设为"减去"，"不透明度"选项设为 20%，效果如图 9-21 所示。将"墨"图层拖曳到控制面板下方的"创建新图层"按钮 上进行复制，生成新的图层"墨 副本"，将"墨 副本"图层的混合模式选项设为"叠加"，"不透明度"项设为 20%，如图 9-22 所示，图像效果如图 9-23 所示。

图 9-20   图 9-21

图 9-22   图 9-23

（6）按 Ctrl+O 组合键，打开光盘中的"Ch09 > 素材 > 茶艺海报设计 > 05"文件，选择"移动"工具 ⊕，将茶碗图片拖曳到图像窗口中适当的位置，如图 9-24 所示。在"图层"控制面板中生成新的图层并将其命名为"茶碗"。

（7）单击"图层"控制面板下方的"添加图层样式"按钮 ⨍，在弹出的菜单中选择"投影"命令，弹出对话框，选项的设置如图 9-25 所示，单击"确定"按钮，效果如图 9-26 所示。

（8）按 Ctrl+O 组合键，打开光盘中的"Ch09 > 素材 > 茶艺海报设计 > 06"文件，选择"移动"工具 ⊕，将茶图片拖曳到图像窗口中适当的位置，如图 9-27 所示。在"图层"控制面板中生成新的图层并将其命名为"茶"。在"图层"控制面板中，将"茶"图层的混合模式选项设为"正片叠底"，效果如图 9-28 所示。

图 9-24 图 9-25

图 9-26 图 9-27 图 9-28

（9）新建图层并将其命名为"线条烟"。将前景色设为白色。选择"画笔"工具 ✓，在属性栏中单击"画笔"选项右侧的按钮 ，弹出画笔选择面板，选择需要的画笔形状，如图 9-29 所示，并在图像窗口中拖曳鼠标绘制线条，效果如图 9-30 所示。

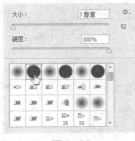

图 9-29 图 9-30

（10）将"线条烟"图层拖曳到控制面板下方的"创建新图层"按钮 上进行复制，生成新的图层并将其命名为"模糊烟"，拖曳到"线条烟"图层的下方。选择"滤镜 > 模糊 > 高斯模糊"命令，在弹出的对话框中进行设置，如图 9-31 所示，单击"确定"按钮。选择"移动"工具 ，将模糊图形拖曳到适当的位置，效果如图 9-32 所示。

（11）海报背景图制作完成，效果如图 9-33 所示。按 Ctrl+Shift+E 组合键，合并可见图层。按 Ctrl+S 组合键，弹出"存储为"对话框，将制作好的图像命名为"海报背景图"，保存为 TIFF 格式，单击"保存"按钮，弹出"TIFF 选项"对话框，单击"确定"按钮，将图像保存。

图 9-31

图 9-32

图 9-33

CorelDRAW 应用

9.1.4　导入并编辑标题文字

（1）打开 CorelDRAW X6 软件，按 Ctrl+N 组合键，新建一个页面。在属性栏中的"页面度量"选项中分别设置宽度为 250mm，高度为 150mm，如图 9-34 所示，按 Enter 键，页面尺寸显示为设置的大小。

（2）按 Ctrl+I 组合键，弹出"导入"对话框，选择光盘中的"Ch09 > 效果 > 茶艺海报设计 > 海报背景图"文件，单击"导入"按钮，在页面中单击导入图片。按 P 键，图片在页面中居中对齐，效果如图 9-35 所示。

图 9-34

图 9-35

（3）按 Ctrl+I 组合键，弹出"导入"对话框，选择光盘中的"Ch09 > 素材 > 茶艺海报设计 > 07"文件，单击"导入"按钮，在页面中单击导入图片，并调整其大小和位置，效果如图 9-36 所示。

（4）选择"位图 > 模式 > 黑白"命令，弹出"转换为 1 位"对话框，选项的设置如图 9-37 所示，单击"确定"按钮，效果如图 9-38 所示。

图 9-36　　　　　　　　　　　　图 9-37　　　　　　　图 9-38

（5）按 Ctrl+I 组合键，弹出"导入"对话框，选择光盘中的"Ch09 > 素材 > 茶艺海报设计 > 08、09、10"文件，单击"导入"按钮，在页面中分别单击导入图片，并分别调整其位置和大小，效果如图 9-39 所示。使用相同的方法转换图形，效果如图 9-40 所示。

图 9-39　　　　　　　　　图 9-40

（6）选择"选择"工具 ，选取"中"字，在"CMYK 调色板"中的"无填充"按钮✕上单击，取消图形填充，效果如图 9-41 所示。选择"轮廓色"工具 ，弹出"轮廓颜色"对话框，设置轮廓色的 CMYK 值为 95、55、95、50，如图 9-42 所示，单击"确定"按钮，效果如图 9-43 所示。

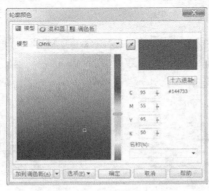

图 9-41　　　　　　　　图 9-42　　　　　　　　图 9-43

（7）选择"选择"工具 ，选取"茶"字，如图 9-44 所示。选择"编辑 > 复制属性自"命令，弹出"复制属性"对话框，选项的设置如图 9-45 所示，单击"确定"按钮，鼠标的光标变为黑色箭头形状，并在"中"字上单击，如图 9-46 所示，属性被复制，效果如图 9-47

所示。使用相同的方法制作出如图 9-48 所示的效果。

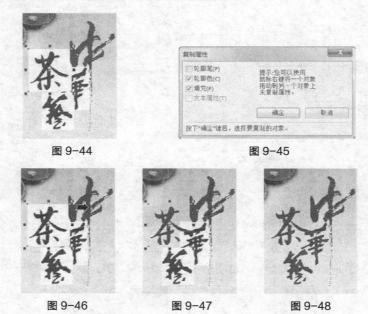

图 9-44　　　　　　　　　　　　　图 9-45

图 9-46　　　　　　图 9-47　　　　　　图 9-48

9.1.5　制作印章效果

（1）选择"矩形"工具 □，绘制一个矩形，在属性栏中进行设置，如图 9-49 所示，按 Enter 键，效果如图 9-50 所示。

图 9-49　　　　　　　　　　　　　图 9-50

（2）选择"选择"工具 ，选取圆角矩形，在"CMYK 调色板"中的"红"色块上单击鼠标，填充图形，并去除图形的轮廓线，效果如图 9-51 所示。选择"文本"工具 ，在页面中输入需要的文字。选择"选择"工具 ，在属性栏中选择合适的字体并设置文字大小，填充文字为白色，效果如图 9-52 所示。

图 9-51　　　　　　图 9-52

9.1.6　添加展览日期及相关信息

（1）选择"文本"工具 字，分别输入需要的文字。选择"选择"工具 ，在属性栏中分别选择合适的字体并设置文字大小，效果如图 9-53 所示。选择文字"Chinese Tea Art"。选择"形状"工具 ，向左拖曳文字下方的 图标到适当的位置，调整文字的字距，效果如图 9-54 所示。用相同的方法调整其他文字的字距，效果如图 9-55 所示。

图 9-53

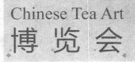

图 9-54　　　　　　　　　　图 9-55

（2）选择"文本"工具 字，在页面中输入需要的文字。选择"选择"工具 ，在属性栏中选择合适的字体并设置文字大小，设置文字颜色的 CMYK 值为 0、100、100、30，填充文字，效果如图 9-56 所示。选择"手绘"工具 ，按住 Ctrl 键的同时，绘制一条直线，在属性栏中的"轮廓宽度" .2pt 框中设置数值为 1pt，按 Enter 键，效果如图 9-57 所示。

图 9-56　　　　　　　　　　图 9-57

（3）选择"文本"工具 字，在直线右侧输入需要的文字。选择"选择"工具 ，在属性栏中选择合适的字体并设置文字大小，如图 9-58 所示。选择"形状"工具 ，向下拖曳文字下方的 图标，调整文字的行距，效果如图 9-59 所示。用相同的方法制作出直线左侧的文字效果，如图 9-60 所示。

图 9-58　　　　　　　　　　图 9-59　　　　　　　　　　图 9-60

9.1.7　制作展览标志图形

（1）选择"椭圆形"工具 ⊙，按住 Ctrl 键的同时，在页面的空白处绘制一个圆形，填充图形为黑色，并去除轮廓线，效果如图 9-61 所示。选择"矩形"工具 □，在圆形的下面绘制一个矩形，填充图形为黑色，并去除轮廓线，效果如图 9-62 所示。选择"选择"工具 ▷，用圈选的方法，将圆形和矩形同时选取，按 C 键，进行垂直居中对齐。

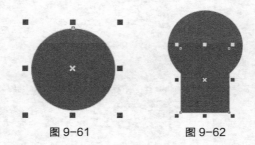

图 9-61　　　　　　图 9-62

（2）选择"椭圆形"工具 ⊙，在矩形的下方绘制一个椭圆形，填充图形为黑色，并去除轮廓线，效果如图 9-63 所示。选择"选择"工具 ▷，用圈选的方法，将 3 个图形同时选取，按 C 键，进行垂直居中对齐。单击属性栏中的"合并"按钮 □，将图形全部合并在一起，效果如图 9-64 所示。

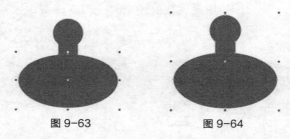

图 9-63　　　　　　图 9-64

（3）选择"椭圆形"工具 ⊙，绘制一个椭圆形，填充图形为黄色，并去除图形的轮廓线，效果如图 9-65 所示。选择"选择"工具 ▷，选取椭圆形，按住 Ctrl 键的同时，水平向右拖曳图形，并在适当的位置上单击鼠标右键，复制一个图形，效果如图 9-66 所示。

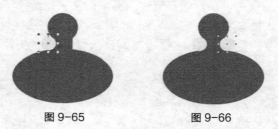

图 9-65　　　　　　图 9-66

（4）选择"选择"工具 ▷，用圈选的方法，将其同时选取，单击属性栏中的"移除前面对象"按钮 □，将 3 个图形剪切为一个图形，效果如图 9-67 所示。

（5）选择"矩形"工具 □，在椭圆形上面绘制一个矩形，效果如图 9-68 所示。选择"选择"工具 ▷，用圈选的方法，将修剪后的图形和矩形同时选取，单击属性栏中的"移除前面对象"按钮 □，将两个图形剪切为一个图形，效果如图 9-69 所示。

图 9-67

图 9-68

图 9-69

（6）选择"矩形"工具 □，在页面中绘制一个矩形，效果如图 9-70 所示。选择"椭圆形"工具 ○，在矩形的左侧绘制一个椭圆形，在"CMYK 调色板"中的"黄"色块上单击鼠标右键，填充轮廓线，效果如图 9-71 所示。选择"选择"工具 ▷，选取椭圆形，按住 Ctrl 键的同时，水平向右拖曳图形，并在适当的位置上单击鼠标右键，复制一个图形，效果如图 9-72 所示。

图 9-70

图 9-71

图 9-72

（7）选择"选择"工具 ▷，按住 Shift 键的同时，依次单击矩形和两个椭圆形，将其同时选取，单击属性栏中的"移除前面对象"按钮 □，将 3 个图形剪切为一个图形，效果如图 9-73 所示。按住 Ctrl 键的同时，垂直向下拖曳图形，在适当的位置上单击鼠标右键，复制一个图形，效果如图 9-74 所示。

图 9-73

图 9-74

（8）选择"椭圆形"工具 ○，绘制一个椭圆形，填充为黑色，并去除图形的轮廓线，效果如图 9-75 所示。选择"矩形"工具 □，在椭圆形的上面绘制一个矩形，效果如图 9-76 所示。使用相同方法制作出如图 9-77 所示的效果。

图 9-75

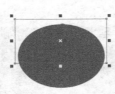

图 9-76

图 9-77

（9）选择"矩形"工具 □，在半圆形的下方绘制一个矩形，填充为黑色，并去除图形的轮廓线，效果如图 9-78 所示。选择"选择"工具 ▷，用圈选的方法，将图形全部选取，按 C 键，进行垂直居中对齐。使用相同的方法制作出如图 9-79 所示的效果。

图 9-78

图 9-79

（10）选择"贝塞尔"工具 ，绘制出一个不规则的图形，如图 9-80 所示。填充为黑色，并去除图形的轮廓线，使用相同的方法绘制出如图 9-81 所示的效果。

图 9-80

图 9-81

（11）按 Ctrl+I 组合键，弹出"导入"对话框，同时选择光盘中的"Ch09 > 素材 > 茶艺海报设计 > 11"文件，单击"导入"按钮，在页面中单击导入图形，并调整到适当的位置，效果如图 9-82 所示。选择"选择"工具 ，用圈选的方法将图形全部选取，按 Ctrl+G 组合键，将其群组，拖曳到适当的位置，并调整其大小，填充为白色，效果如图 9-83 所示。

图 9-82

图 9-83

（12）选择"椭圆形"工具 ，按住 Ctrl 键的同时，在茶壶图形上绘制一个圆形，设置图形填充颜色的 CMYK 值为 95、55、95、30，填充图形。设置轮廓线颜色的 CMYK 值为 100、0、100、0，填充轮廓线，在属性栏中设置适当的宽度，效果如图 9-84 所示。按 Ctrl+PageDown 组合键，将其置后一位。选择"选择"工具 ，按住 Shift 键的同时，依次单击茶壶图形和圆形，将其同时选取，按 C 键，将图形垂直居中对齐，如图 9-85 所示。

图 9-84

图 9-85

（13）选择"椭圆形"工具 ，按住 Ctrl 键的同时，绘制一个圆形，填充轮廓线颜色的

CMYK 值为 40、0、100、0，在属性栏中设置适当的宽度，效果如图 9-86 所示。

（14）选择"文本"工具 ，输入需要的文字。选择"选择"工具 ，在属性栏中选择合适的字体并设置文字大小，效果如图 9-87 所示。

图 9-86   图 9-87

（15）保持文字的选取状态，选择"文本 > 使文本适合路径"命令，将光标置于圆形轮廓线上方并单击，如图 9-88 所示，文本自动绕路径排列，效果如图 9-89 所示。在属性栏中进行设置，如图 9-90 所示，按 Enter 键，效果如图 9-91 所示。

图 9-88   图 9-89

图 9-90   图 9-91

（16）选择"文本"工具 ，在页面中输入需要的英文。选择"选择"工具 ，在属性栏中选择合适的字体并设置文字大小，如图 9-92 所示。选择"文本 > 使文本适合路径"命令，将光标置于圆形轮廓线下方单击，如图 9-93 所示，文本自动绕路径排列，效果如图 9-94 所示。

图 9-92   图 9-93   图 9-94

（17）在属性栏中单击"水平镜像文本"按钮 和"垂直镜像文本"按钮 ，其他选项的设置如图 9-95 所示，按 Enter 键，效果如图 9-96 所示。

图 9-95

图 9-96

（18）选择"选择"工具 ，用圈选的方法将标志图形全部选取，按 Ctrl+G 组合键，将其群组，效果如图 9-97 所示。

图 9-97

（19）选择"文本"工具 ，在页面中输入需要的文字。选择"选择"工具 ，在属性栏中选择合适的字体并设置文字大小，如图 9-98 所示。选择"形状"工具 ，向下拖曳文字下方的 图标，调整文字的行距，效果如图 9-99 所示。

图 9-98

图 9-99

（20）选择"文本 > 插入字符"命令，弹出"插入字符"对话框，在对话框中按需要进行设置并选择需要的字符，如图 9-100 所示。将字符拖曳到页面中适当的位置并调整其大小，效果如图 9-101 所示。

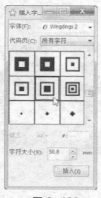
图 9-100

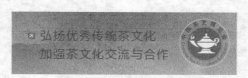
图 9-101

（21）选取字符，设置字符颜色的 CMYK 值为 95、35、95、30，填充字符，效果如图 9-102 所示。用相同的方法制作出另一个字符图形，效果如图 9-103 所示。茶艺海报制作完成，效果如图 9-104 所示。按 Ctrl+S 组合键，弹出"保存图形"对话框，将制作好的图像命名为"茶艺海报"，保存为 CDR 格式，单击"保存"按钮，将图像保存。

图 9-102

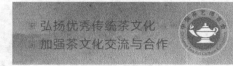

图 9-103

图 9-104

9.2 课后习题——儿童学习海报设计

【习题知识要点】在 Photoshop 中，使用钢笔工具和变换命令制作发散背景图，使用矩形工具、矩形选框工具和定义图案命令定义图案，使用调整图层填充定义的图案，使用钢笔工具和渐变工具绘制图形，使用纹理化滤镜制作纹理。在 CorelDRAW 中，使用椭圆工具、转换为位图命令和高斯模糊命令制作树的模糊效果，使用贝塞尔工具绘制果实图形，使用文本工具、转换为曲线命令、形状工具和星形工具制作标志，使用贝塞尔工具、文字工具和使文本适合路径命令添加宣传文字。儿童学习海报效果如图 9-105 所示。

【素材所在位置】光盘/Ch09/素材/儿童学习海报设计/01、02。

【效果所在位置】光盘/Ch09/效果/儿童学习海报设计/儿童学习海报.cdr。

图 9-105

PART 10

第 10 章
杂志设计

本章介绍

　　杂志是比较专项的宣传媒介之一，它具有目标受众准确、实效性强、宣传力度大、效果明显等特点。时尚生活类杂志的设计可以轻松、活泼、色彩丰富。版式内的图文编排可以灵活多变，但要注意把握风格的整体性。本章以丽风尚杂志为例，讲解杂志的设计方法和制作技巧。

学习目标

● 在 Photoshop 软件中制作杂志封面背景图。
● 在 CorelDRAW 软件中制作并添加相关栏目和信息。

技能目标

● 掌握"杂志封面设计"的制作方法。
● 掌握"杂志栏目设计"的制作方法。
● 掌握"饮食栏目设计"的制作方法。
● 掌握"化妆品栏目设计"的制作方法。
● 掌握"数码栏目设计"的制作方法。

10.1　杂志封面设计

【案例学习目标】在 Photoshop 中，使用滤镜命令编辑图片制作杂志背景。在 CorelDRAW 中，使用文本工具、填充工具、交互式工具和编辑工具添加杂志标题和内容；使用绘图工具和轮廓命令添加装饰图形；使用插入命令添加条形码。

【案例知识要点】在 Photoshop 中，使用镜头光晕滤镜制作光晕效果；使用纹理滤镜命令制作图片纹理效果。在 CorelDRAW 中，根据杂志的尺寸在属性栏中设置出页面的大小；使用文本工具、阴影工具、渐变工具和透明度工具制作杂志标题文字；使用文本工具和阴影工具添加杂志内容信息；使用贝塞尔工具、透明度工具和轮廓笔命令制作心形装饰图形；使用插入条码命令在封面中插入条形码。杂志封面效果如图 10-1 所示。

【效果所在位置】光盘/Ch10/效果/杂志封面.cdr。

图 10-1

Photoshop 应用

10.1.1　制作图片效果

（1）按 Ctrl+O 组合键，打开光盘中的"Ch10 > 素材 > 杂志封面 > 01"文件，如图 10-2 所示。选择"滤镜 > 渲染 > 镜头光晕"命令，弹出"镜头光晕"对话框，在"光晕中心"预览框中，拖曳十字光标设定炫光位置，其他选项的设置如图 10-3 所示，单击"确定"按钮，效果如图 10-4 所示。

图 10-2

图 10-3

图 10-4

（2）选择"滤镜 > 纹理 > 纹理化"命令，在弹出的对话框中进行设置，如图 10-5 所示，单击"确定"按钮，效果如图 10-6 所示。

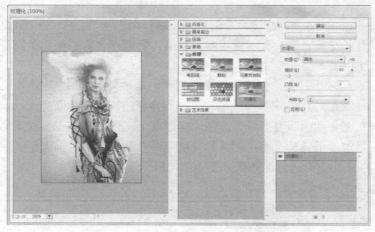

图 10-5   图 10-6

（3）杂志封面背景图效果制作完成。按 Ctrl+Shift+S 组合键，弹出"存储为"对话框，将制作好的图像命名为"封面背景图"，保存为 TIFF 格式，单击"保存"按钮，弹出"TIFF 选项"对话框，单击"确定"按钮，将图像保存。

CorelDRAW 应用

10.1.2　设计杂志名称

（1）打开 CorelDRAW X6 软件，按 Ctrl+N 组合键，新建一个页面。在属性栏的"页面度量"选项中分别设置宽度为 210mm，高度为 285mm，如图 10-7 所示，按 Enter 键，页面显示尺寸为设置的大小，如图 10-8 所示。

（2）选择"文件 > 导入"命令，弹出"导入"对话框，选择光盘中的"Ch10 > 效果 > 封面背景图"文件，单击"导入"按钮，在页面中单击导入图片。按 P 键，图片在页面中居中对齐，效果如图 10-9 所示。

图 10-7   图 10-8   图 10-9

（3）打开光盘中的"Ch10 > 素材 > 杂志封面 > 记事本"文件，选取文档中的杂志名称"丽风尚"，并单击鼠标右键，在弹出的菜单中选择"复制"命令，复制文字，如图 10-10 所示。返回 CorelDRAW 页面中，选择"文本"工具字，在页面顶部单击插入光标，按 Ctrl+V

组合键，将复制的文字粘贴到页面中。选择"选择"工具 ，在属性栏中选择合适的字体并设置文字大小，效果如图 10-11 所示。

图 10-10   图 10-11

（4）选择"选择"工具 ，向下拖曳文字下方的控制手柄到适当的位置，将文字变形，效果如图 10-12 所示。选择"形状"工具 ，向左拖曳文字下方的 图标，调整文字的字距，效果如图 10-13 所示。

图 10-12   图 10-13

（5）选择"选择"工具 ，选取文字，按 Ctrl+Q 组合键，将文字转换为曲线。放大视图的显示比例。选择"形状"工具 ，用圈选的方法将需要的节点同时选取，按 Delete 键，将其删除，效果如图 10-14 所示。用相同的方法删除其他不需要的节点，效果如图 10-15 所示。

图 10-14   图 10-15

（6）选择"矩形"工具 ，在页面中的空白位置绘制一个矩形，如图 10-16 所示。在属性栏中单击"扇形角"按钮 ，其他选项的设置如图 10-17 所示，按 Enter 键，效果如图 10-18 所示。

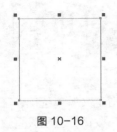
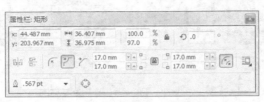
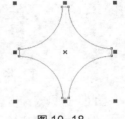

图 10-16   图 10-17   图 10-18

（7）选择"选择"工具 ，按数字键盘上的+键，复制一个图形。按住 Shift 键的同时，向内拖曳图形上方右侧的控制手柄到适当的位置，等比例缩小图形，效果如图 10-19 所示。在属性栏中将"圆角半径"选项均设为 10mm，按 Enter 键，效果如图 10-20 所示。用圈选的方法选取需要的图形，单击属性栏中的"移除前面对象"按钮 ，将图形剪切为一个图形，填充为黑色，并去除图形的轮廓线，效果如图 10-21 所示。

图 10-19　　　　　　图 10-20　　　　　　图 10-21

（8）选择"选择"工具 ，拖曳图形到适当的位置并调整其大小，效果如图 10-22 所示。连续按两次数字键盘上的+键，复制图形。分别拖曳复制的图形到适当的位置，并调整其大小，效果如图 10-23 所示。用圈选的方法将文字图形同时选取，按 Ctrl+G 组合键，将其群组。设置文字颜色的 CMYK 值为 0、40、60、30，填充文字，效果如图 10-24 所示。

图 10-22　　　　　　图 10-23　　　　　　图 10-24

（9）选择"阴影"工具 ，在文字上从上向下拖曳光标，为文字添加阴影效果，在属性栏中进行设置，如图 10-25 所示，按 Enter 键，效果如图 10-26 所示。

图 10-25　　　　　　图 10-26

（10）选择"文本"工具 ，输入需要的文字。选择"选择"工具 ，在属性栏中选择合适的字体并设置文字大小，效果如图 10-27 所示。选择"形状"工具 ，向左拖曳文字下方的 图标，调整文字的字距，效果如图 10-28 所示。

图 10-27　　　　　　图 10-28

（11）选择"渐变填充"工具 ，弹出"渐变填充"对话框，选择"自定义"单选项，在"位置"选项中分别输入 0、47、100 几个位置点，单击右下角的"其它"按钮，分别设置这几个位置点颜色的 CMYK 值为 0（0、0、0、100）、47（0、0、0、0）、100（0、0、0、100），如图 10-29 所示。单击"确定"按钮，填充文字，效果如图 10-30 所示。

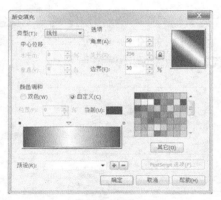

图 10-29　　　　　　　　　　　　图 10-30

（12）选择"透明度"工具 ，在属性栏中将"透明度类型"选项设为"标准"，其他选项的设置如图 10-31 所示。按 Enter 键，效果如图 10-32 所示。

图 10-31　　　　　　　　　　　　图 10-32

10.1.3　添加刊期内容

（1）选取并复制记事本文档中的英文字"68"、"Aug.2015"和"每月 12 日出刊"，返回 CorelDRAW 页面中，将文字分别粘贴到页面中适当的位置。选择"选择"工具 ，在属性栏中选择合适的字体并设置文字大小，效果如图 10-33 所示。选取文字"68"。选择"形状"工具 ，向左拖曳文字下方的 图标，调整文字的字距，效果如图 10-34 所示。

图 10-33　　　　　　　　　　　　图 10-34

（2）选择"椭圆形"工具 ，按住 Ctrl 键的同时，在文字"12"上面绘制一个圆形，设置圆形颜色的 CMYK 值为 0、40、60、30，填充图形，并去除图形的轮廓线，效果如图 10-35 所示。按 Ctrl+PageDown 组合键，向下调整图形的顺序，效果如图 10-36 所示。选择"文本"工具 ，选取文字 12，填充为白色，效果如图 10-37 所示。

图 10-35　　　　　　　　图 10-36　　　　　　　　图 10-37

10.1.4　添加并编辑内容文字

（1）选取并复制记事本文档中的"Violet"和"紫色超能量"文字，返回到 CorelDRAW 页面中，并分别粘贴到适当的位置。选择"选择"工具 ，在属性栏中选择合适的字体并设置文字大小，效果如图 10-38 所示。选择"文本"工具 ，分别选取需要的文字，设置文字颜色的 CMYK 值为 60、80、0、20，填充文字，效果如图 10-39 所示。选择"形状"工具 ，向左拖曳文字下方的 图标，调整文字的字距，效果如图 10-40 所示。

图 10-38 　　　　　　图 10-39 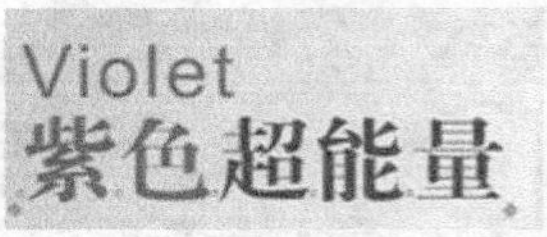　　　　　　图 10-40

（2）选取并复制记事本文档中的"Bustling"和"一片繁华之景，时尚与我共同成长"文字，返回到 CorelDRAW 页面中，并分别粘贴到适当的位置。选择"选择"工具 ，在属性栏中选择合适的字体并设置文字大小，效果如图 10-41 所示。选择文字"一片繁华之景，时尚与我共同成长"。选择"形状"工具 ，向上拖曳文字下方的 图标，调整文字的行距，效果如图 10-42 所示。

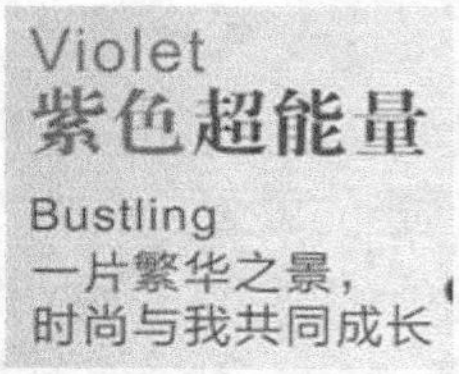

图 10-41 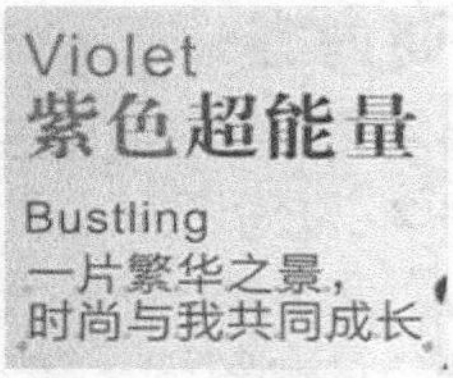　　　　　　　　图 10-42

（3）选择"手绘"工具 ，按住 Ctrl 键的同时，绘制一条直线，如图 10-43 所示。按 F12 键，弹出"轮廓笔"对话框，在"颜色"选项中设置轮廓线颜色的 CMYK 值为 60、80、0、20，在"箭头"设置区中，单击右侧的样式框 ，在弹出的列表中选择需要的箭头样式，如图 10-44 所示，其他选项的设置如图 10-45 所示，单击"确定"按钮，效果如图 10-46 所示。

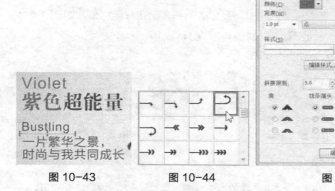

图 10-43　　　　　图 10-44 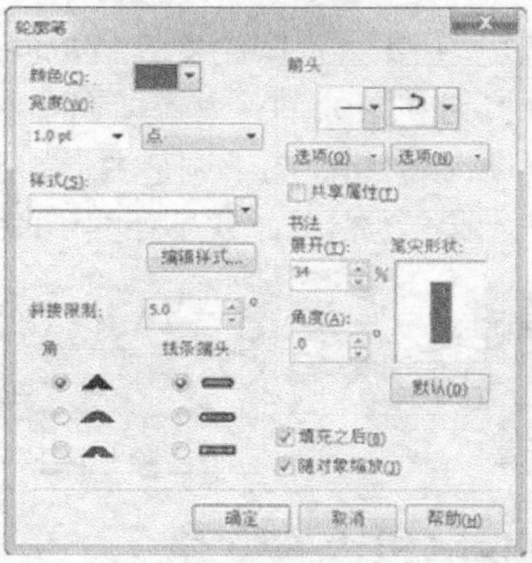　　　　　图 10-45 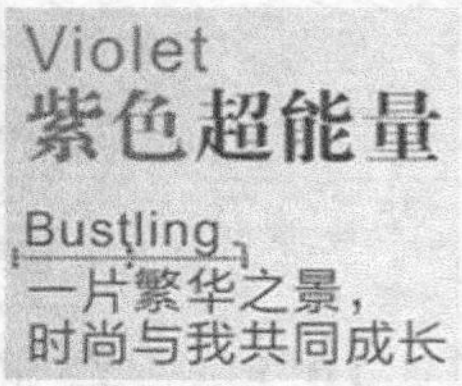　　　　　图 10-46

（4）选取并复制记事本文档中的"Hot summer"和"炎热盛夏的清凉心情"文字，返回到 CorelDRAW 页面中，并分别粘贴到适当的位置。选择"选择"工具 ，在属性栏中选择合适的字体并设置文字大小，填充适当的颜色，效果如图 10-47 所示。选择"形状"工具 ，向左拖曳文字下方的 图标，调整文字的字距，效果如图 10-48 所示。

图 10-47

图 10-48

（5）选择"阴影"工具 ，在文字上从上向下拖曳光标，为文字添加阴影效果，在属性栏中将"阴影颜色"选项设为白色，其他选项的设置如图 10-49 所示，按 Enter 键，效果如图 10-50 所示。

图 10-49

图 10-50

（6）选取并复制记事本文档中的"7"、"HOLD 住时尚与潮流"和"大派系购物混搭"文字，返回到 CorelDRAW 页面中，分别将复制的文字粘贴到适当的位置。选择"选择"工具 ，在属性栏中分别选择合适的字体并设置文字大小，填充适当的颜色，效果如图 10-51 所示。选择文字"HOLD 住时尚与潮流"。选择"形状"工具 ，向左拖曳文字下方的 图标，调整文字的字距，效果如图 10-52 所示。用相同的方法调整其他文字的字距，效果如图 10-53 所示。用上述方法制作文字的阴影效果，如图 10-54 所示。

图 10-51

图 10-52

图 10-53

图 10-54

（7）选取并复制记事本文档中的"经典色彩 混搭组合"和"寻找时尚街拍全新亮点！"文字，返回到 CorelDRAW 页面中，分别将复制的文字粘贴到适当的位置。选择"选择"工具 ，分别在属性栏中选择合适的字体并设置文字大小，效果如图 10-55 所示。选择文字"经典色彩 混搭组合"。选择"形状"工具 ，向左拖曳文字下方的 图标，调整文字的字距，效果如图 10-56 所示。

图 10-55　　　　　　　　　　　图 10-56

（8）按 F12 键，弹出"轮廓笔"对话框，在"颜色"选项中设置轮廓线颜色为白色，其他选项的设置如图 10-57 所示，单击"确定"按钮，效果如图 10-58 所示。用相同的方法调整其他文字的字距并制作文字效果，如图 10-59 所示。

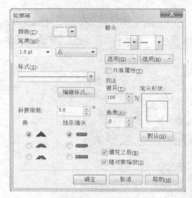

图 10-57　　　　　　　　　图 10-58　　　　　　　　　图 10-59

（9）选择"贝塞尔"工具 ，绘制一个心形图形，如图 10-60 所示。填充为白色，并去除图形的轮廓线，效果如图 10-61 所示。选择"透明度"工具 ，在属性栏中将"透明度类型"选项设为"标准"，其他选项的设置如图 10-62 所示，按 Enter 键，效果如图 10-63 所示。

图 10-60　　　　　　　　　　　图 10-61

图 10-62　　　　　　　　　　　图 10-63

（10）选择"选择"工具 ，按数字键盘上的+键，复制一个图形，效果如图 10-64 所示。选择"透明度"工具 ，在属性栏中进行设置，如图 10-65 所示，按 Enter 键，效果如图 10-66 所示。

图 10-64   图 10-65   图 10-66

（11）按 F12 键，弹出"轮廓笔"对话框，在"颜色"选项中设置轮廓线颜色的 CMYK 值为 0、100、60、0，其他选项的设置如图 10-67 所示，单击"确定"按钮，效果如图 10-68 所示。选择"选择"工具 ，拖曳复制的图形到适当的位置，在"CMYK 调色板"中的"无填充"按钮 上单击鼠标左键，去除图形的填充色，效果如图 10-69 所示。用圈选的方法将两个心形同时选取，按 Ctrl+G 组合键，将其群组，效果如图 10-70 所示。

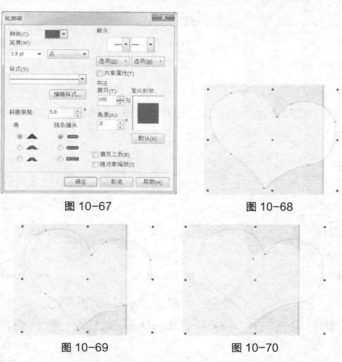

图 10-67   图 10-68

图 10-69   图 10-70

（12）选择"矩形"工具 ，绘制一个矩形，如图 10-71 所示。选择"选择"工具 ，选择心形图形。选择"效果 > 图框精确剪裁 > 放置在容器中"命令，鼠标的光标变为黑色箭头形状，在矩形上单击，如图 10-72 所示。将选取的图形置入矩形中，效果如图 10-73 所示。在"CMYK 调色板"中的"无填充"按钮 上单击鼠标右键，取消矩形的轮廓线，效果如图 10-74 所示。

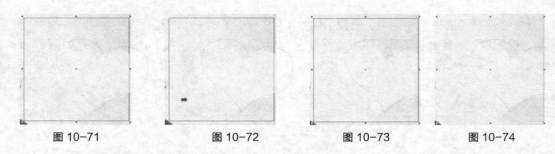

图 10-71　　　　　　　　图 10-72　　　　　　　　图 10-73　　　　　　　　图 10-74

（13）选取并复制记事本文档中的"如何能让肌肤"和"水嫩动人"文字，返回到 CorelDRAW 页面中，分别将复制的文字粘贴到适当的位置。选择"选择"工具，分别在属性栏中选择合适的字体并设置文字大小，效果如图 10-75 所示。选择文字"如何能让肌肤"。选择"形状"工具，向左拖曳文字下方的图标，调整文字的字距，效果如图 10-76 所示。用相同的方法调整下方文字的字距，效果如图 10-77 所示。

图 10-75　　　　　　　　　　图 10-76　　　　　　　　　　图 10-77

（14）选择"矩形"工具，绘制一个矩形，如图 10-78 所示。填充为白色，并去除图形的轮廓线，效果如图 10-79 所示。多次按 Ctrl+PageDown 组合键，向下调整矩形的顺序，效果如图 10-80 所示。

图 10-78　　　　　　　　　　图 10-79　　　　　　　　　　图 10-80

（15）选择"贝塞尔"工具，绘制一个图形，如图 10-81 所示。填充为白色，并去除图形的轮廓线，效果如图 10-82 所示。按 Ctrl+PageDown 组合键，向下调整矩形的顺序，效果如图 10-83 所示。

图 10-81　　　　　　　　　　图 10-82　　　　　　　　　　图 10-83

10.1.5 制作条形码

（1）选择"编辑 > 插入条码"命令，弹出"条码向导"对话框，在各选项中进行设置，如图 10-84 所示。设置好后，单击"下一步"按钮，在设置区内按需要进行各项设置，如图 10-85 所示。设置好后，单击"下一步"按钮，在设置区内按需要进行各项设置，如图 10-86 所示，设置好后，单击"完成"按钮，效果如图 10-87 所示。选择"选择"工具 ，将条形码拖曳到页面中适当的位置，如图 10-88 所示。

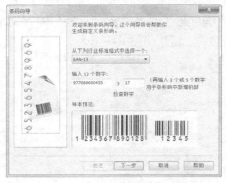

图 10-84

图 10-85

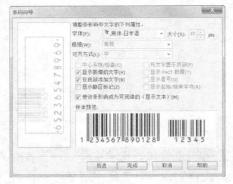

图 10-86

图 10-87

图 10-88

（2）选取并复制记事本文档中的"WWW.LIFENGSHANG.COM"和"国内统一刊号 CN31-1726/R 邮发代号 20-120 零售价：28 元"文字，返回到 CorelDRAW 页面中，分别将复制的文字粘贴到适当的位置。选择"选择"工具 ，分别在属性栏中选择合适的字体并设置文字大小，填充适当的颜色，效果如图 10-89 所示。杂志封面制作完成，效果如图 10-90 所示。

图 10-89

图 10-90

（3）按 Ctrl+S 组合键，弹出"保存图形"对话框，将制作好的图像命名为"杂志封面"，保存为 CDR 格式，单击"保存"按钮，将图像保存。

10.2　杂志栏目设计

【习题知识要点】在 CorelDRAW 中，使用矩形工具、椭圆形工具和文本工具制作标题效果；使用阴影工具为图片添加阴影效果；使用首字下沉命令制作文字的首字下沉效果；使用形状工具和文本换行命令制作文本绕图；使用椭圆形工具和文本工具制作内置文本效果；使用透明度工具制作圆形的透明效果。杂志栏目效果如图 10-91 所示。

【素材所在位置】光盘/Ch10/素材/杂志栏目。

【效果所在位置】光盘/Ch10/效果/杂志栏目.cdr。

图 10-91

CorelDRAW 应用

10.2.1　制作标题效果

（1）按 Ctrl+N 组合键，新建一个页面。在属性栏的"页面度量"选项中分别设置宽度为 210mm，高度为 285mm，按 Enter 键，页面尺寸显示为设置的大小。选择"矩形"工具 □，绘制一个矩形，如图 10-92 所示。设置矩形颜色的 CMYK 为 0、20、20、0，填充图形，并去除图形的轮廓线，效果如图 10-93 所示。再绘制一个矩形，填充为黑色，并去除图形的轮廓线，效果如图 10-94 所示。

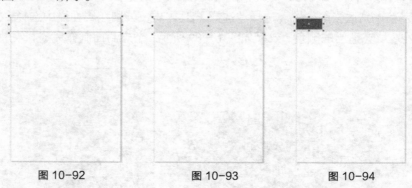

图 10-92　　　　　　图 10-93　　　　　　图 10-94

（2）打开光盘中的"Ch10 > 素材 > 杂志栏目 > 记事本"文件，选取并复制记事本文档中的文字"丽风尚"，如图 10-95 所示。返回到 CorelDRAW 页面中，选择"文本"工具 字，在页面中单击插入光标，再按 Ctrl+V 组合键，将复制的文字分别粘贴到页面中适当的位置。选择"选择"工具 ，在属性栏中选择合适的字体并设置文字大小。设置文字颜色的 CMYK 值为 0、20、20、0，填充文字，效果如图 10-96 所示。

图 10-95

图 10-96

（3）选择"选择"工具 ，向下拖曳文字下方的控制手柄到适当的位置，将文字变形，效果如图 10-97 所示。选择"形状"工具 ，向左拖曳文字下方的 图标，调整文字的字距，效果如图 10-98 所示。

图 10-97

图 10-98

（4）选取并复制记事本文档中的"FASHION"。返回到 CorelDRAW 页面中，选择"文本"工具 ，在页面中单击插入光标，再按 Ctrl+V 组合键，将复制的文字粘贴到页面中适当的位置。选择"选择"工具 ，在属性栏中选择合适的字体并设置文字大小。设置文字颜色的 CMYK 值为 0、20、20、0，填充文字，效果如图 10-99 所示。用上述方法调整文字字距，效果如图 10-100 所示。

图 10-99

图 10-100

（5）选取并复制记事本文档中的"SHiSHANGZAZHi"。返回到 CorelDRAW 页面中，选择"文本"工具 ，在页面中单击插入光标，再按 Ctrl+V 组合键，将复制的文字分别粘贴到页面中适当的位置。选择"选择"工具 ，在属性栏中选择合适的字体并设置文字大小，填充为白色，效果如图 10-101 所示。

（6）选择"椭圆形"工具 ，按住 Ctrl 键的同时，拖曳鼠标绘制一个圆形，设置图形颜色的 CMYK 值为 0、20、20、0，填充圆形，并去除图形的轮廓线，效果如图 10-102 所示。单击属性栏中的"饼图"按钮 ，将圆形转换为饼形，如图 10-103 所示。在属性栏中的"旋转角度" 框中设置数值为 49.2，按 Enter 键，效果如图 10-104 所示。

图 10-101

图 10-102

图 10-103

图 10-104

（7）选择"手绘"工具，按住 Ctrl 键的同时，绘制一条直线，如图 10-105 所示。在属性栏中的"线条样式"框中选择需要的轮廓线样式，如图 10-106 所示，在"轮廓宽度"框中设置数值为 1pt，按 Enter 键，效果如图 10-107 所示。

图 10-105

图 10-106

图 10-107

（8）选择"矩形"工具，绘制一条矩形，填充为白色，并去除图形的轮廓线，效果如图 10-108 所示。

（9）选取并复制记事本文档中的文字"New"，返回到 CorelDRAW 页面中，将复制的文字粘贴到页面中适当的位置。选择"选择"工具，在属性栏中选择合适的字体并设置文字大小，拖曳到适当的位置，效果如图 10-109 所示。设置文字颜色的 CMYK 值为 0、20、20、0，填充文字，效果如图 10-110 所示。选择"形状"工具，向左拖曳文字下方的图标，调整文字的字距，效果如图 10-111 所示。

图 10-108

图 10-109

图 10-110

图 10-111

（10）选取并复制记事本文档中的文字"新品"，返回到 CorelDRAW 页面中，将复制的文字粘贴到页面中。选择"选择"工具 ，在属性栏中选择合适的字体并设置文字大小，拖曳到适当的位置，效果如图 10-112 所示。设置文字颜色的 CMYK 值为 0、20、20、0，填充文字，效果如图 10-113 所示。

图 10-112

图 10-113

（11）选取并复制记事本文档中的文字"时尚元素"，返回到 CorelDRAW 页面中，选择"文本"工具 ，将复制的文字粘贴到页面中适当的位置。选择"选择"工具 ，在属性栏中选择合适的字体并设置文字大小，效果如图 10-114 所示。设置文字颜色的 CMYK 值为 0、60、60、40，填充文字，效果如图 10-115 所示。

图 10-114

图 10-115

（12）选取并复制记事本文档中的文字"Fashion"，返回到 CorelDRAW 页面中，选择"文本"工具 ，将复制的文字粘贴到页面中适当的位置。选择"选择"工具 ，在属性栏中选择合适的字体并设置文字大小。设置文字颜色的 CMYK 值为 0、20、20、0，填充文字，效果如图 10-116 所示。选择"形状"工具 ，向左拖曳文字下方的 图标，调整文字的间距，文字效果如图 10-117 所示。

图 10-116

图 10-117

（13）选择"文本"工具 ，绘制一个文本框。选取并复制记事本文档中的文字"时尚潮流的风头总在变幻……"，将复制的文字粘贴到 CorelDRAW 页面中适当的位置。选择"选择"工具 ，在属性栏中选择合适的字体并设置文字大小。设置文字颜色的 CMYK 值为 0、60、60、40，填充文字，效果如图 10-118 所示。选择"形状"工具 ，向下拖曳文字下方的 图标，调整文字的行距，效果如图 10-119 所示。

图 10-118

图 10-119

（14）选择"文本"工具 ，分别输入需要的文字。选择"选择"工具 ，在属性栏中分别选择合适的字体并设置文字大小，效果如图 10-120 所示。选择"形状"工具 ，向左拖曳文字下方的图标，调整文字的间距，文字效果如图 10-121 所示。

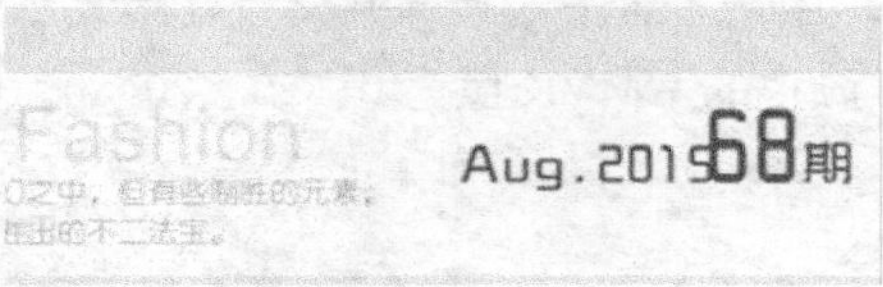

图 10-120

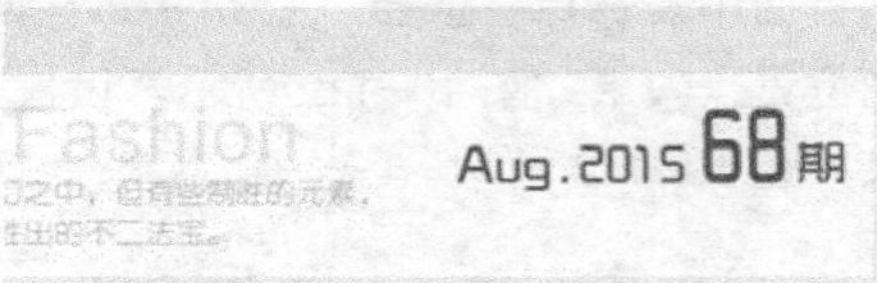

图 10-121

（15）选择“椭圆形”工具，按住 Ctrl 键的同时，在页面中绘制一个圆形，如图 10-122 所示。按住 Ctrl 键的同时，水平向右拖曳圆形，并在适当的位置上单击鼠标右键，复制一个新的圆形，效果如图 10-123 所示。按住 Ctrl 键，再连续按 D 键，复制出多个圆形，效果如图 10-124 所示。

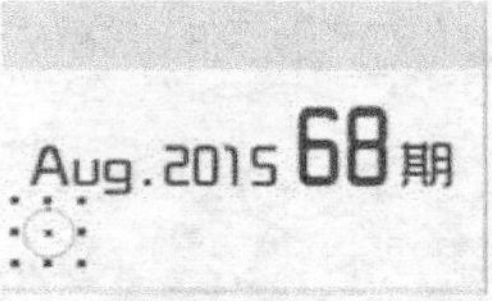

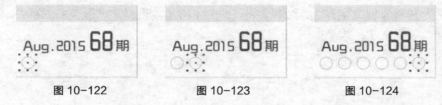

图 10-122

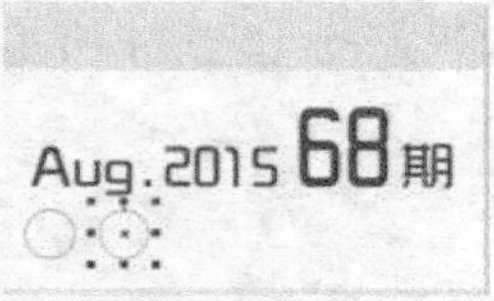

图 10-123

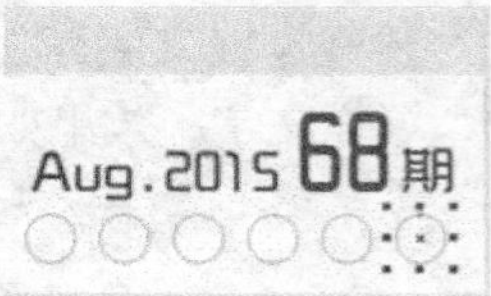

图 10-124

（16）选择“选择”工具，选取第一个圆形，设置图形颜色的 CMYK 值为 0、40、20、0，填充图形，并去除图形的轮廓线，效果如图 10-125 所示。用相同的方法给其他图形填充适当的颜色，并去除图形的轮廓线，效果如图 10-126 所示。

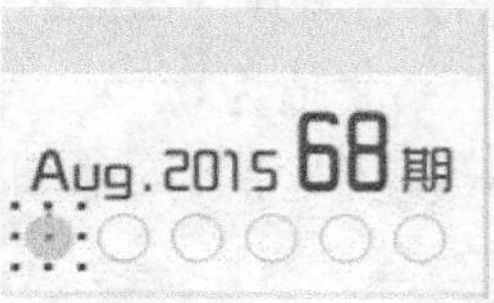

图 10-125

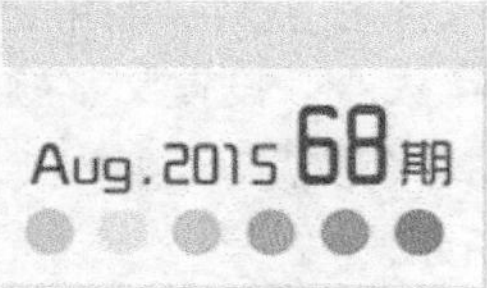

图 10-126

10.2.2 添加内容信息

（1）选择“手绘”工具，按住 Ctrl 键的同时，绘制一条直线，如图 10-127 所示。按 F12 键，弹出“轮廓笔”对话框，在“颜色”选项中设置轮廓线颜色的 CMYK 值为 0、20、20、0，其他选项的设置如图 10-128 所示，单击“确定”按钮，效果如图 10-129 所示。用相同的方法再绘制一条直线，效果如图 10-130 所示。

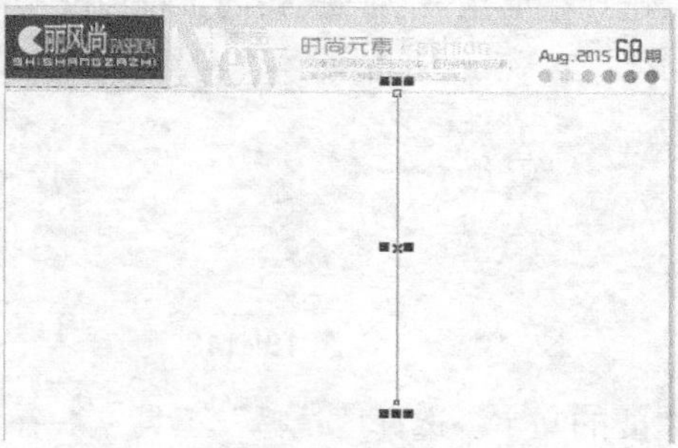

图 10-127

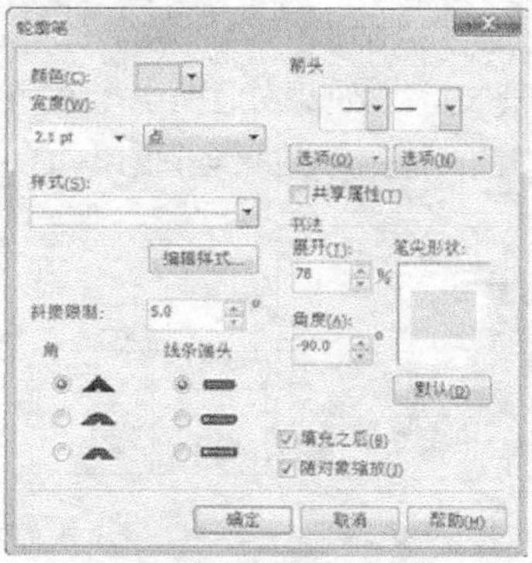

图 10-128

图 10-129 图 10-130

（2）选择"矩形"工具 □，绘制一个矩形，设置矩形颜色的 CMYK 为 0、0、0、10，填充图形，并去除图形的轮廓线，效果如图 10-131 所示。连续按 Ctrl+PageDown 组合键，后移矩形，效果如图 10-132 所示。

图 10-131 图 10-132

（3）选择"透明度"工具 ，在属性栏中进行设置，如图 10-133 所示，按 Enter 键，效果如图 10-134 所示。

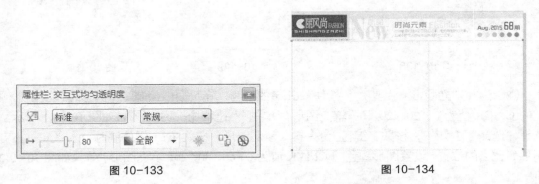

图 10-133 图 10-134

（4）选择"文件 ＞ 导入"命令，弹出"导入"对话框。选择光盘中的"Ch10 ＞ 素材 ＞ 杂志栏目 ＞ 01"文件，单击"导入"按钮，在页面中单击导入图片，拖曳到适当的位置，如图 10-135 所示。

（5）选择"阴影"工具 ，在图形上从上向下拖曳光标，为图形添加阴影效果。在属性栏中进行设置，如图 10-136 所示，按 Enter 键，效果如图 10-137 所示。

图 10-135　　　　　　　　图 10-136　　　　　　　　图 10-137

（6）选择"文本"工具 字，拖曳鼠标绘制一个文本框。选取并复制记事本文档中的文字"Q 鞋包混搭　尽显优雅范儿"，将复制的文字粘贴到文本框中，效果如图 10-138 所示。

（7）选择"文本"工具 字，选取文字"Q"，在属性栏中选择合适的字体并设置文字大小。单击属性栏中的"斜体"按钮 ℤ，倾斜文字，设置文字颜色的 CMYK 值为 0、100、60、0，填充文字，效果如图 10-139 所示。选取文字"鞋包混搭　尽显优雅范儿"，在属性栏中选择合适的字体并设置文字大小，如图 10-140 所示。

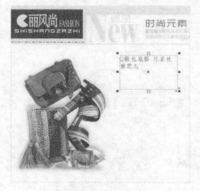

图 10-138　　　　　　　　图 10-139　　　　　　　　图 10-140

（8）选择"椭圆形"工具 ○，按住 Ctrl 键的同时，在页面中绘制一个圆形。设置图形颜色的 CMYK 值为 0、20、20、0，填充图形，并去除图形的轮廓线，效果如图 10-141 所示。选择"选择"工具 ，按数字键盘上的+键，复制图形。按住 Ctrl 键的同时，水平向右拖曳图形到适当的位置。设置图形颜色的 CMYK 值为 0、60、80、20，填充图形，效果如图 10-142 所示。

Q鞋包混搭 尽显优
雅范儿

Q鞋包混搭 尽显优
雅范儿

图 10-141　　　　　　　　　　　　图 10-142

（9）选择"调和"工具 ，在两个圆之间拖曳光标，为图形添加调和效果。在属性栏中进行设置，如图 10-143 所示，按 Enter 键，效果如图 10-144 所示。

图 10-143　　　　　　　　　　　　　　　　图 10-144

（10）选择"文本"工具 ，拖曳鼠标绘制一个文本框。选取并复制记事本文档中的文字，将复制的文字粘贴到文本框中。选择"选择"工具 ，在属性栏中选择合适的字体并设置文字大小，效果如图 10-145 所示。选择"文字 > 首字下沉"命令，弹出"首字下沉"对话框，选项的设置如图 10-146 所示，单击"确定"按钮，效果如图 10-147 所示。

图 10-145　　　　　　　　图 10-146　　　　　　　　图 10-147

（11）选择"文本"工具 ，选取文字"A"，在"CMYK 调色板"中的"40%黑"色块上单击鼠标，填充文字，效果如图 10-148 所示。选择"形状"工具 ，向下拖曳文字下方的 图标到适当的位置，调整文字的行距，效果如图 10-149 所示。

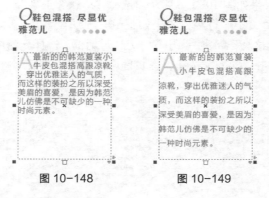

图 10-148　　　　　　　　　　图 10-149

10.2.3　制作文本绕图

（1）选择"文本"工具 ，拖曳鼠标绘制一个文本框。选取并复制记事本文档中的文字"Q 红魔经典组合　依兰三件套"，将复制的文字粘贴到文本框中，效果如图 10-150 所示。

（2）选择"文本"工具 ，选取文字"Q"，在属性栏中选择合适的字体并设置文字大小。单击属性栏中的"斜体"按钮 ，倾斜文字，设置文字颜色的 CMYK 值为 0、100、60、0，填充文字，效果如图 10-151 所示。选取文字"红魔经典组合　依兰三件套"，在属性栏中选择合适的字体并设置文字大小，如图 10-152 所示。

图 10-150   图 10-151   图 10-152

（3）选择"文本"工具 ，拖曳鼠标绘制一个文本框。选取并复制记事本文档中的文字，将复制的文字粘贴到文本框中。选择"选择"工具 ，在属性栏中选择合适的字体并设置文字大小，效果如图 10-153 所示。选择"文字 > 首字下沉"命令，弹出"首字下沉"对话框，选项的设置如图 10-154 所示，单击"确定"按钮，效果如图 10-155 所示。

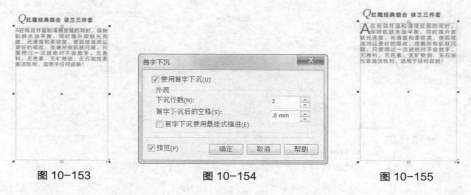

图 10-153   图 10-154   图 10-155

（4）选择"文本"工具 ，选取文字"A"，在"CMYK 调色板"中的"40%黑"色块上单击鼠标，填充文字，效果如图 10-156 所示。选择"形状"工具 ，向下拖曳文字下方的 图标到适当的位置，调整文字的行距，效果如图 10-157 所示。

（5）选择"文件 > 导入"命令，弹出"导入"对话框。选择光盘中的"Ch10 > 素材 杂志栏目 > 02"文件，单击"导入"按钮，在页面中单击导入图片，拖曳到适当的位置，如图 10-158 所示。

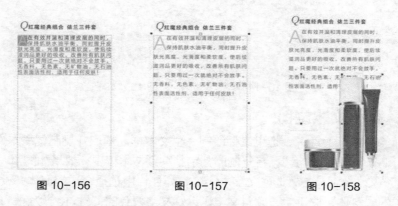

图 10-156   图 10-157   图 10-158

（6）选择"形状"工具 ，图片编辑状态如图 10-159 所示，在图片上双击添加节点，如图 10-160 所示，用相同的方法再添加一个节点，如图 10-161 所示。选取需要的节点，拖曳到适当的位置，效果如图 10-162 所示。

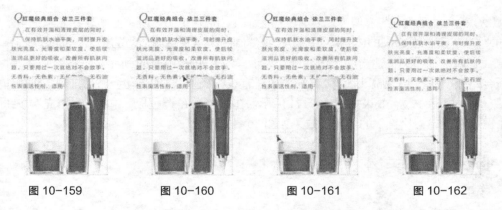

图 10-159　　　　图 10-160　　　　图 10-161　　　　图 10-162

（7）选择"选择"工具 ，单击鼠标右键，在弹出的菜单中选择"段落文本换行"命令，如图 10-163 所示，效果如图 10-164 所示。水平向上拖曳文本框到适当的位置，效果如图 10-165 所示。

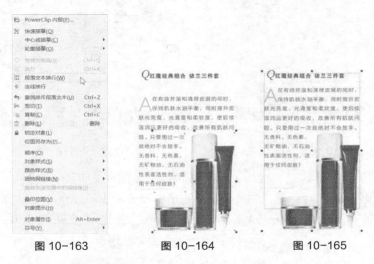

图 10-163　　　　图 10-164　　　　图 10-165

10.2.4　添加其他文字信息

（1）选择"文本"工具 ，选取并复制记事本文档中的文字"Q&A"，将复制的文字粘贴到 CorelDRAW 页面中的适当位置，如图 10-166 所示。设置文字颜色的 CMYK 值为 0、100、60、0，填充文字。分别选取文字"Q"和"A"，在属性栏中选择合适的字体并设置文字大小，效果如图 10-167 所示。

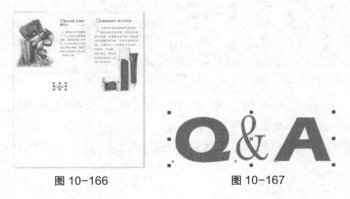

图 10-166　　　　　　　　　图 10-167

（2）选择"贝塞尔"工具 ，绘制一条线段，如图 10-168 所示。选取并复制记事本文档中的文字，返回到 CorelDRAW 页面中，将复制的文字粘贴到适当的位置。选择"选择"工具 ，在属性栏中选择适当的字体并设置大小，效果如图 10-169 所示。选择"文本 > 使文本适合路径"命令，出现箭头图标，将箭头放在直线路径上，文本自动绕路径排列，如图 10-170所示，单击鼠标左键，效果如图 10-171 所示。在"CMYK 调色板"中的"无填充"按钮 上单击鼠标右键，去除直线的颜色，效果如图 10-172 所示。

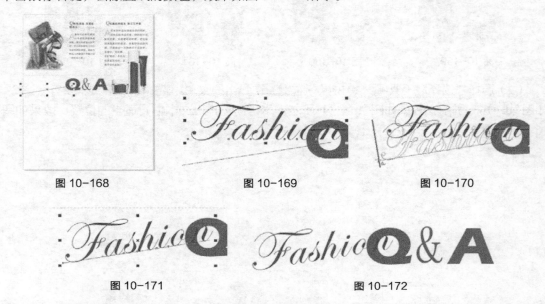

图 10-168   图 10-169   图 10-170

图 10-171   图 10-172

（3）选择"手绘"工具 ，按住 Ctrl 键的同时，绘制一条直线，如图 10-173 所示。按F12 键，弹出"轮廓笔"对话框，在"颜色"选项中设置轮廓线颜色的 CMYK 值为 0、20、20、0，其他选项的设置如图 10-174 所示，单击"确定"按钮，效果如图 10-175 所示。

图 10-173   图 10-174   图 10-175

（4）连续按 Ctrl+PageDown 组合键，向下调整直线的顺序，效果如图 10-176 所示。选择"文件 > 导入"命令，弹出"导入"对话框。选择光盘中的"Ch10 > 素材 > 杂志栏目 > 03"文件，单击"导入"按钮，在页面中单击导入图片，拖曳到适当的位置，如图 10-177所示。

图 10-176 图 10-177

10.2.5 绘制图形并编辑文字

（1）选择"椭圆形"工具 ○，按住 Ctrl 键的同时，在页面中绘制一个圆形，设置圆形颜色的 CMYK 值为 0、20、20、0，填充圆形，并去除圆形的轮廓线，效果如图 10-178 所示。选择"文本"工具 字，鼠标光标变为 I 图标，如图 10-179 所示，在圆形上单击，效果如图 10-180 所示。

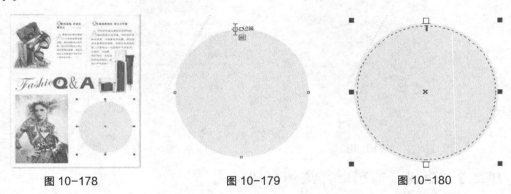

图 10-178 图 10-179 图 10-180

（2）选取并复制记事本文档中的文字，将复制的文字粘贴到文本框中。选择"选择"工具 ▷，在属性栏中选择合适的字体并设置文字大小，如图 10-181 所示。将光标插入"A"的前面，按 4 次 Enter 键，文本换行，效果如图 10-182 所示。选择"文字 > 首字下沉"命令，弹出"首字下沉"对话框，选项的设置如图 10-183 所示，单击"确定"按钮，效果如图 10-184 所示。

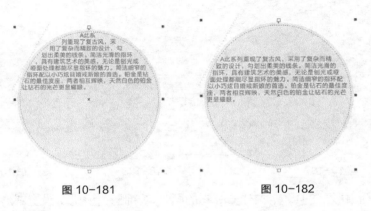

图 10-181 图 10-182

图 10-183

图 10-184

（3）选取文字"A"，填充为白色。选择"形状"工具 ，向下拖曳文字下方的 图标，调整文字的行距，效果如图 10-185 所示。参照上面的制作方法，制作出如图 10-186 所示的效果。

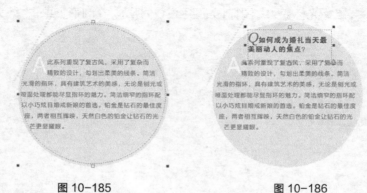

图 10-185   图 10-186

10.2.6　绘制装饰图形并添加页码

（1）选择"椭圆形"工具 ，按住 Ctrl 键的同时，绘制一个圆形，设置圆形颜色的 CMYK 值为 0、40、0、0，填充圆形，并去除圆形的轮廓线，效果如图 10-187 所示。选择"透明度"工具 ，在属性栏中将"透明度类型"选项设为"标准"，其他选项的设置如图 10-188 所示，按 Enter 键，效果如图 10-189 所示。

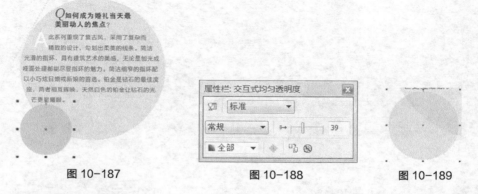

图 10-187   图 10-188   图 10-189

（2）选择"椭圆形"工具 ，按住 Ctrl 键的同时，绘制一个圆形，设置圆形颜色的 CMYK 值为 0、40、20、0，填充圆形，并去除圆形的轮廓线，效果如图 10-190 所示。选择"透明度"

工具 🔲，在属性栏中将"透明度类型"选项设为"标准"，其他选项的设置如图 10-191 所示，按 Enter 键，效果如图 10-192 所示。

图 10-190　　　　　　　图 10-191　　　　　　　图 10-192

（3）选择"椭圆形"工具 ◯，按住 Ctrl 键的同时，绘制一个圆形，设置圆形颜色的 CMYK 值为 20、80、0、0，填充圆形，并去除圆形的轮廓线，效果如图 10-193 所示。选择"透明度"工具 🔲，在属性栏中将"透明度类型"选项设为"标准"，其他选项的设置如图 10-194 所示，按 Enter 键，效果如图 10-195 所示。

图 10-193　　　　　　　图 10-194　　　　　　　图 10-195

（4）选择"文件 > 导入"命令，弹出"导入"对话框。选择光盘中的"Ch10 > 素材 > 杂志栏目 > 04"文件，单击"导入"按钮，在页面中单击导入图片，并调整图片到适当的位置，如图 10-196 所示。

（5）选择"文本"工具 🅣，在图片的下面输入页码"085"。选择"选择"工具 🅡，在属性栏中选择合适的字体并设置文字大小，设置文字颜色的 CMYK 值为 0、60、60、40，填充文字，效果如图 10-197 所示。选择"矩形"工具 🔲，在文字的下方绘制一个矩形，设置矩形颜色的 CMYK 值为 0、60、60、40，填充矩形，并去除矩形的轮廓线，效果如图 10-198 所示。

图 10-196　　　　　　　图 10-197　　　　　　　图 10-198

（6）选择"文本"工具 🅣，分别输入需要的文字。选择"选择"工具 🅡，在属性栏中分别选择合适的字体并设置文字大小，填充文字为白色，效果如图 10-199 所示。选取文字"Touch"，选择"形状"工具 🅡，向右拖曳文字下方的 ⫿ 图标，调整文字的字距，效果如图

10-200 所示。

（7）选择"选择"工具 ，用圈选的方法将图形和文字全部选取，按 Ctrl+G 组合键，将其群组。杂志栏目绘制完成，按 Esc 键，取消选取状态，效果如图 10-201 所示。按 Ctrl+S 组合键，弹出"保存图形"对话框，将制作好的图像命名为"杂志栏目"，保存为 CDR 格式，单击"保存"按钮，将图像保存。

图 10-199　　　　　图 10-200　　　　　图 10-201

10.3　饮食栏目设计

【习题知识要点】在 CorelDRAW 中，使用调和工具制作圆的调和效果；使用文本工具和形状工具添加并调整文字的间距；使用图框精确剪裁命令将图片和圆形置入圆角矩形中；使用阴影工具为文字添加阴影效果；使用栏命令制作文本分栏效果；使用插入字符命令插入需要的字符图形。饮食栏目效果如图 10-202 所示。

【素材所在位置】光盘/Ch10/素材/饮食栏目。

【效果所在位置】光盘/Ch10/效果/饮食栏目.cdr。

图 10-202

CorelDRAW 应用

10.3.1　制作标题效果

（1）按 Ctrl+O 组合键，弹出"打开图形"对话框，选择"Ch10 > 效果 > 杂志栏目"文件，单击"打开"按钮，打开文件。选择"选择"工具 ，选取需要的图形，如图 10-203 所示。按 Ctrl+C 组合键，复制图形。按 Ctrl+N 组合键，新建一个 A4 页面，按 Ctrl+V 组合键，粘贴图形，效果如图 10-204 所示。

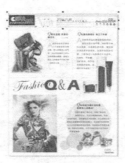

图 10-203　　　　　　　　　　　　　　　图 10-204

（2）选择"文本"工具 字，分别选取要修改的文字，进行修改，并分别填充适当的颜色，效果如图 10-205 所示。选择"选择"工具 ，用圈选的方法选取需要的文字和图形，设置图形颜色的 CMYK 值为 0、60、100、20，填充图形，效果如图 10-206 所示。选择需要修改的图形，设置图形颜色的 CMYK 值为 0、20、100、0，填充图形，效果如图 10-207 所示。

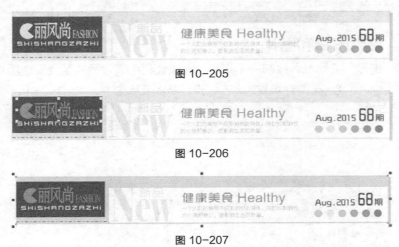

图 10-205

图 10-206

图 10-207

（3）选择"文本"工具 字，选取文字"New"，将其删除并输入"Food"，设置文字颜色的 CMYK 值为 0、20、100、0，填充文字，效果如图 10-208 所示。选择"选择"工具 ，选择文字"新品"，设置文字颜色的 CMYK 值为 0、20、100、0，填充文字，效果如图 10-209 所示。

图 10-208　　　　　　　　　　　　　　　图 10-209

（4）选择"选择"工具 ，选取右下方的 6 个圆形，按 Delete 键将其删除。选择"椭圆形"工具 ，按住 Ctrl 键的同时，绘制一个圆形，在"CMYK 调色板"中的"黄"色块上单击鼠标，填充图形，并去除图形的轮廓线，效果如图 10-210 所示。用相同的方法再绘制一个圆形，在"CMYK 调色板"中的"橘红"色块上单击鼠标，填充图形，并去除图形的轮廓线，效果如图 10-211 所示。

图 10-210

图 10-211

（5）选择"调和"工具 ，在两个圆之间应用调和，在属性栏中进行设置，如图 10-212 所示，按 Enter 键，调和效果如图 10-213 所示。

图 10-212

图 10-213

10.3.2　编辑图形和图片

（1）选择"矩形"工具 ，绘制一个矩形，在属性栏中将"圆角半径"选项均设为 7mm，如图 10-214 所示，按 Enter 键，设置图形颜色的 CMYK 值为 0、20、100、0，填充图形，效果如图 10-215 所示。

图 10-214

图 10-215

（2）按 F12 键，弹出"轮廓笔"对话框，在"颜色"选项中设置轮廓线颜色的 CMYK 值为 42、34、34、1，其他选项的设置如图 10-216 所示，单击"确定"按钮，效果如图 10-217 所示。

图 10-216

图 10-217

（3）选择“椭圆形”工具，按住 Ctrl 键的同时，绘制一个圆形，设置图形颜色的 CMYK 值为 0、60、80、0，填充图形，并去除圆形的轮廓线，效果如图 10-218 所示。用相同的方法再绘制一个圆形，并填充相同的颜色，去除图形的轮廓线，效果如图 10-219 所示。

（4）选择“文件 > 导入”命令，弹出“导入”对话框。选择光盘中的“Ch10 > 素材 > 饮食栏目 > 01”文件，单击“导入”按钮，在页面中单击导入图片，调整图片大小并拖曳到适当的位置，如图 10-220 所示。

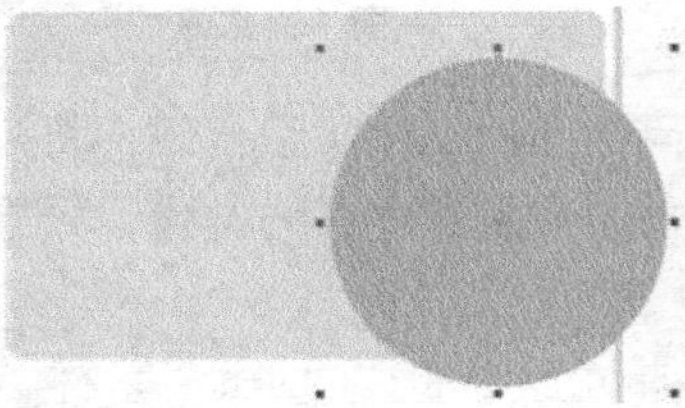
图 10-218

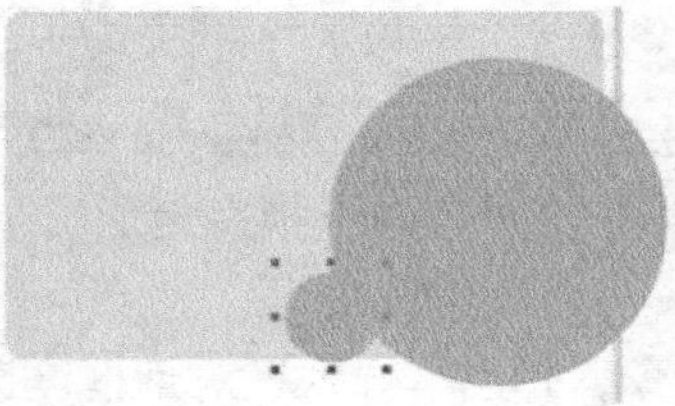
图 10-219

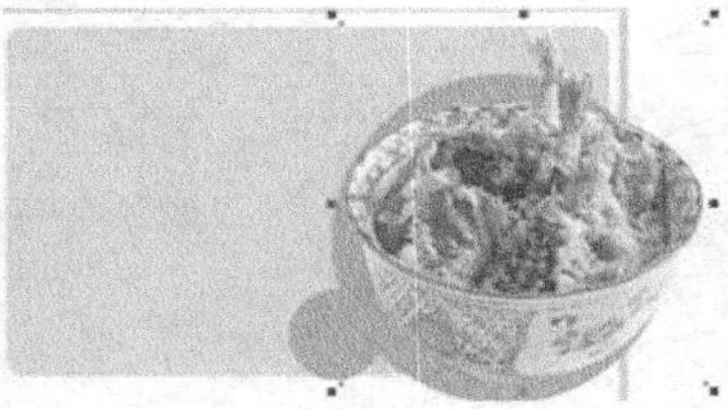
图 10-220

（5）选择“选择”工具，用圈选的方法选取需要的图形。选择“效果 > 图框精确剪裁> 放置在容器中”命令，鼠标的光标变为黑色箭头形状，在圆角矩形上单击，如图 10-221 所示。将选取的图形置入到圆角矩形中，效果如图 10-222 所示。

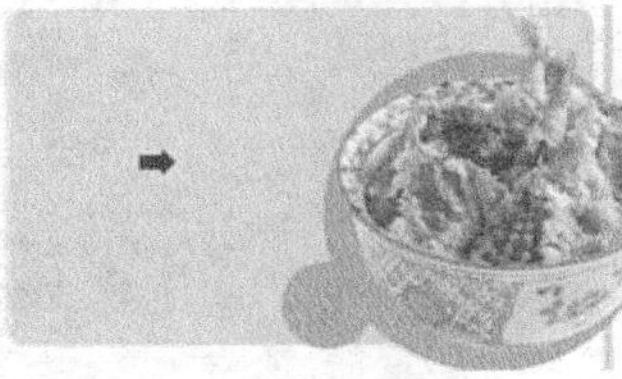
图 10-221

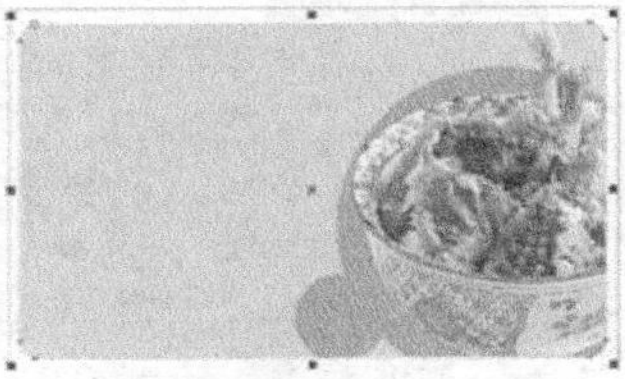
图 10-222

10.3.3 添加并编辑说明性文字

（1）选择“椭圆形”工具，按住 Ctrl 键的同时，绘制一个圆形，如图 10-223 所示。选择“文本”工具，在圆形的边缘上单击，如图 10-224 所示，在圆上插入光标，选取并复制记事本文档中的“你快乐，就是我快乐”文字，将复制的文字粘贴到页面中，在属性栏中选择合适的字体并设置文字大小，效果如图 10-225 所示。

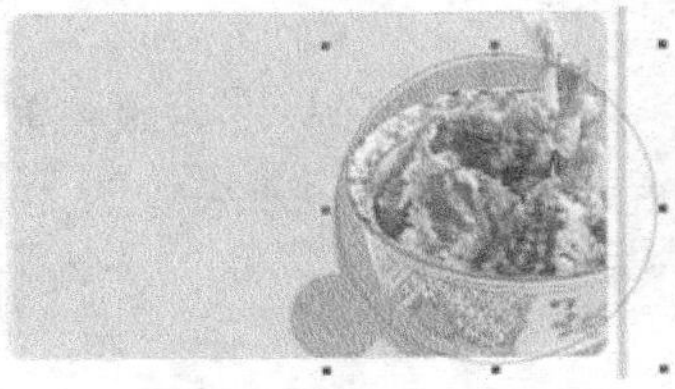
图 10-223

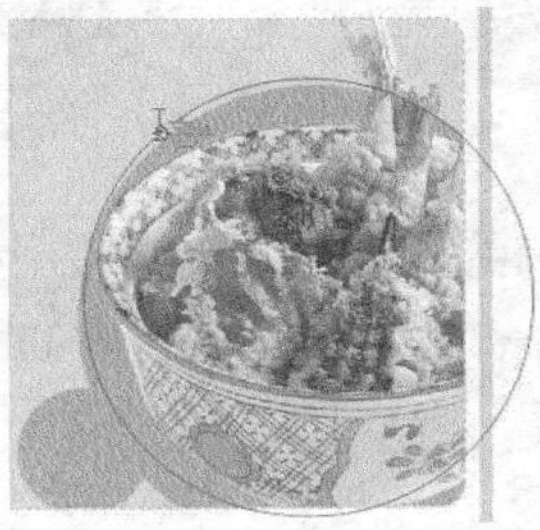
图 10-224

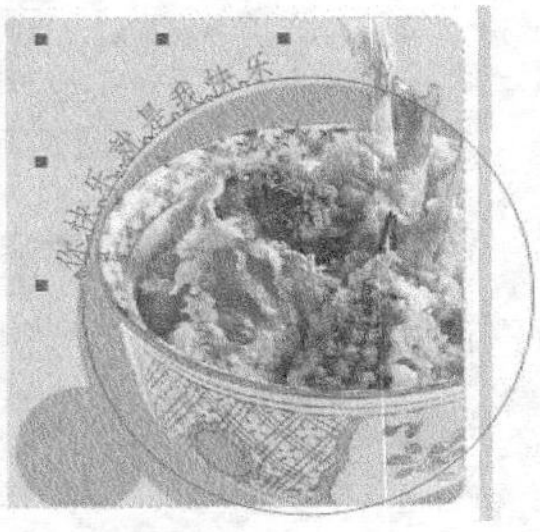
图 10-225

（2）选择“文本”工具，在属性栏中进行设置，如图 10-226 所示，按 Enter 键，效果如图 10-227 所示。选取文本，在“CMYK 调色板”中的“红”色块上单击鼠标，填充文字。选择“选择”工具，选取圆形，去除圆形的轮廓线，效果如图 10-228 所示。

图 10-226　　　　　　　　　　图 10-227　　　　　　　图 10-228

（3）选择"矩形"工具 □，绘制一个矩形，如图 10-229 所示。按 Ctrl+Q 组合键，将矩形转化为曲线。选择"形状"工具 ╲，垂直向上拖曳矩形右下角的节点到适当的位置，效果如图 10-230 所示。

（4）选择"文件 > 导入"命令，弹出"导入"对话框。选择光盘中的"Ch10 > 素材 > 饮食栏目 > 02、03、04"文件，单击"导入"按钮，在页面中分别单击导入图片，调整图片大小并拖曳到适当的位置，效果如图 10-231 所示。

（5）选择"选择"工具 ╲，按住 Shift 键的同时，选中需要的图片。按 Ctrl+G 组合键，将图片群组。按 Ctrl+PageDown 组合键，向下调整图片顺序，效果如图 10-232 所示。

图 10-229　　　　　　　　　　　　　图 10-230

图 10-231　　　　　　　　　　　图 10-232

（6）选择"效果 > 图框精确剪裁 > 放置在容器中"命令，鼠标的光标变为黑色箭头形状，在矩形图框上单击，如图 10-233 所示。将选取的图片置入矩形框中，效果如图 10-234 所示。

图 10-233　　　　　　　　　　图 10-234

（7）按 F12 键，弹出"轮廓笔"对话框，在"颜色"选项中设置轮廓线颜色的 CMYK 值为 0、0、20、0，其他选项的设置如图 10-235 所示，单击"确定"按钮，效果如图 10-236所示。

图 10-235

图 10-236

（8）选择"文本"工具 字，在页面中适当的位置拖曳一个文本框，如图 10-237 所示。选取并复制记事本文档中的"1.炖老鸡……味相宜。"文字，将复制的文字粘贴到页面中，在属性栏中选择合适的字体并设置文字大小，效果如图 10-238 所示。单击属性栏中的"项目符号列表"按钮 ，为段落文本添加项目符号，效果如图 10-239 所示。

（9）选择"形状"工具 ，向下拖曳文字下方的 图标，调整文字的行距，效果如图 10-240所示。

图 10-237

图 10-238

图 10-239

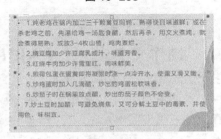

图 10-240

（10）选择"文本"工具 字，选取并复制记事本文档中的文字"做饭技巧学几招！"，将复制的文字粘贴到页面中，选择"选择"工具 ，在属性栏中选择合适的字体并设置文字大小。设置文字颜色的 CMYK 值为 6、99、95、0，填充文字，效果如图 10-241 所示。选择"形状"工具 ，向左拖曳文字下方的 图标，调整文字的字距，效果如图 10-242 所示。

图 10-241

图 10-242

（11）按 F12 键，弹出"轮廓笔"对话框，在"颜色"选项中选择轮廓线的颜色为白色，其他选项的设置如图 10-243 所示，单击"确定"按钮，效果如图 10-244 所示。

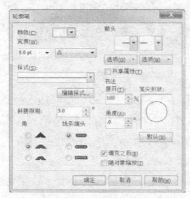
图 10-243

图 10-244

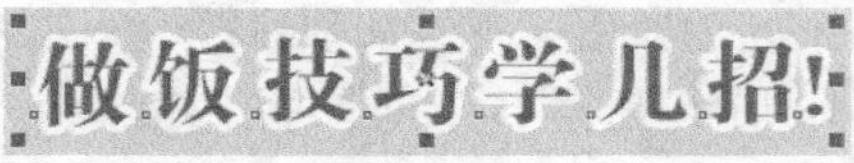

（12）选择"阴影"工具 ，在文字上从上向下拖曳光标，为文字添加阴影效果，在属性栏中进行设置，如图 10-245 所示，按 Enter 键，阴影效果如图 10-246 所示。

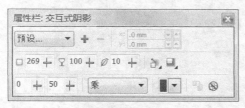
图 10-245

图 10-246

10.3.4　制作文字分栏并导入图片

（1）打开光盘中的"Ch10 > 素材 > 饮食栏目 > 记事本"文件，选取并复制记事本文档中的文字"吃出健康时尚"，如图 10-247 所示。返回到 CorelDRAW 页面中，选择"文本"工具 ，在页面中单击插入光标，按 Ctrl+V 组合键，将复制的文字粘贴到页面中适当的位置。选择"选择"工具 ，在属性栏中选择合适的字体并设置文字大小，在"CMYK 调色板"中的"红"色块上单击鼠标，填充文字，效果如图 10-248 所示。

（2）单击属性栏中的"将文本更改为垂直方向"按钮 ，将文字竖排并拖曳到适当的位置，效果如图 10-249 所示。选择"形状"工具 ，向上拖曳文字下方的 图标，调整文字的字距，效果如图 10-250 所示。

图 10-247

图 10-248

图 10-249

图 10-250

（3）选择"椭圆形"工具 ◯，按住 Ctrl 键的同时，绘制一个圆形，设置图形颜色的 CMYK 值为 20、100、98、0，填充图形，在属性栏中的"轮廓宽度" ᐃ .2 mm ▾ 框中设置数值为 2pt，效果如图 10-251 所示。选择"选择"工具 ⬚，按住 Ctrl 键的同时，垂直向下拖曳圆形，并在适当的位置上单击鼠标右键，复制一个新的圆形，效果如图 10-252 所示。按住 Ctrl 键，连续按 D 键，复制出两个圆形，效果如图 10-253 所示。

（4）选择"文本"工具 字，选取并复制记事本文档中的文字"辣味美食"，将复制的文字粘贴到页面中，在属性栏中选择合适的字体并设置文字大小，填充文字为白色。单击属性栏中的"将文本更改为垂直方向"按钮 Ⅲ，将文字竖排并拖曳到适当的位置，效果如图 10-254 所示。选择"形状"工具 ⬚，向下拖曳文字下方的 ⇛ 图标，调整文字的字距，效果如图 10-255 所示。

图 10-251　　　图 10-252　　　　图 10-253　　　　图 10-254　　　图 10-255

（5）选择"文本"工具 字，在页面中拖曳一个文本框，如图 10-256 所示。选取并复制记事本文档中的"将吃辣的文化……延长生命。"文字，将复制的文字粘贴到页面中，在属性栏中选择合适的字体并设置文字大小，效果如图 10-257 所示。

图 10-256   图 10-257

（6）选择"选择"工具 ，选取文本框，选择"文本 > 文本属性"命令，弹出"文本属性"面板，设置如图 10-258 所示，按 Enter 键，效果如图 10-259 所示。

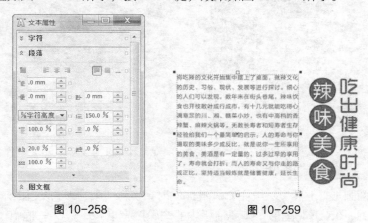

图 10-258   图 10-259

（7）选择"文本 > 栏"命令，弹出"栏设置"对话框，选项的设置如图 10-260 所示，单击"确定"按钮，效果如图 10-261 所示。

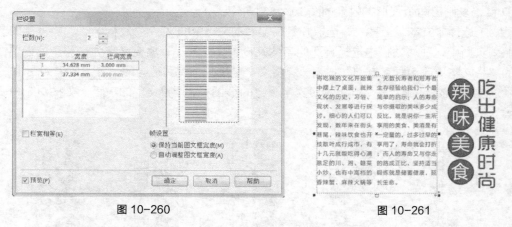

图 10-260   图 10-261

（8）选择"文件 > 导入"命令，弹出"导入"对话框。选择光盘中的"Ch10 > 素材 > 饮食栏目 > 05、06、07"文件，单击"导入"按钮，在页面中单击导入图片，调整图片大小并将其拖曳到适当的位置，效果如图 10-262 所示。

图 10-262

10.3.5　添加其他信息

（1）选择"矩形"工具 ⬚，在页面中绘制一个矩形，在属性栏中进行设置，如图 10-263 所示。设置图形颜色的 CMYK 值为 0、20、100、0，填充图形，并去除图形的轮廓线，效果如图 10-264 所示。

图 10-263　　　　　　　　　　　　　　　　　　图 10-264

（2）选择"文本"工具 字，在圆角矩形上输入需要的文字。分别选取需要的文字，在属性栏中选择合适的字体并设置文字大小，效果如图 10-265 所示。

图 10-265

（3）选择"文本 > 插入字符"命令，弹出"插入字符"对话框，在对话框中按要求进行设置并选择需要的字符，如图 10-266 所示，单击"插入"按钮，插入字符。在"CMYK 调色板"中的"红"色块上单击鼠标，填充字符，调整其大小和位置，效果如图 10-267 所示。

图 10-266　　　　　　　　　　　　　　　图 10-267

（4）选择"文本"工具，在页面中适当的位置输入需要的文字。选择"选择"工具，在属性栏中选择合适的字体并设置文字大小，在"CMYK 调色板"中的"橘红"色块上单击鼠标，填充文字，效果如图 10-268 所示。选择"矩形"工具，绘制一个矩形，填充与文字相同的颜色，效果如图 10-269 所示。

图 10-268　　　　　　图 10-269

（5）选择"文本"工具，在页面中适当的位置分别输入需要的文字。选择"选择"工具，在属性栏中选择合适的字体并设置文字大小，填充文字为白色。选取文字"Touch"，选择"形状"工具，向右拖曳文字下方的图标，调整文字的间距，效果如图 10-270 所示。饮食栏目制作完成，效果如图 10-271 所示。

（6）按 Ctrl+S 组合键，弹出"保存图形"对话框，将制作好的图像命名为"饮食栏目"，保存为 CDR 格式，单击"保存"按钮，将图像保存。

图 10-270　　　　　　图 10-271

10.4　化妆品栏目设计

【习题知识要点】在 CorelDRAW 中，使用卷页命令对图片进行编辑；使用插入字符命令插入需要的字符；使用内置文本命令将文本置入到圆形中；使用艺术笔工具添加雪花图形。化妆品栏目效果如图 10-272 所示。

【素材所在位置】光盘/Ch10/素材/化妆品栏目。

【效果所在位置】光盘/Ch10/效果/化妆品栏目.cdr。

CorelDRAW 应用

10.4.1　导入图片并添加效果

（1）按 Ctrl+N 组合键，新建一个页面。在属性栏的"页面度量"

图 10-272

选项中分别设置宽度为 210mm，高度为 285mm，按 Enter 键，页面尺寸显示为设置的大小。打开"Ch10 > 素材 > 化妆品栏目 > 记事本"文件，选取并复制记事本文档中的栏目标题"Beauty Finder"。选择"文本"工具，在页面中适当位置插入光标，将复制的文字粘贴，选择"选择"工具 ▯，在属性栏中选择合适的字体并设置文字大小，将其拖曳到适当位置，如图 10-273 所示。

（2）选择"文本"工具 字，选取文字"Beauty"，如图 10-274 所示，在"CMYK 调色板"中的"20%黑"色块上单击鼠标，填充文字，取消文字的选取状态，效果如图 10-275 所示，选择"文本"工具 字，选取文字"Finder"，在"CMYK 调色板"中的"红"色块上单击鼠标，填充文字，取消文字的选取状态，效果如图 10-276 所示。

图 10-273   图 10-274

图 10-275   图 10-276

（3）选择"文件 > 导入"命令，弹出"导入"对话框。选择光盘中的"Ch10 > 素材 > 化妆品栏目 > 01"文件，单击"导入"按钮，在页面中单击导入图片，调整图片大小并拖曳到适当的位置，如图 10-277 所示。选择"位图 > 三维效果 > 卷页"命令，在弹出的对话框中进行设置，如图 10-278 所示，单击"确定"按钮，添加图片卷页效果，如图 10-279 所示。按 Ctrl+End 组合键，将图片置到最下方，效果如图 10-280 所示。

图 10-277   图 10-278   图 10-279   图 10-280

（4）选择"矩形"工具 □，绘制一个矩形。按 F11 键，弹出"渐变填充"对话框，点选"双色"单选框，将"从"选项颜色的 CMYK 值设为 100、20、0、0，"到"选项颜色的 CMYK 值设为 40、0、0、0，其他选项的设置如图 10-281 所示，单击"确定"按钮，填充图形，并去除图形的轮廓线，效果如图 10-282 所示。再绘制一个矩形，设置图形颜色的 CMYK 值为 10、100、0、0，填充图形，并去除图形的轮廓线，效果如图 10-283 所示。

图 10-281　　　　　　　图 10-282　　　　　图 10-283

（5）选择"文件 > 导入"命令，弹出"导入"对话框。选择光盘中的"Ch10 > 素材 > 化妆品栏目 > 02"文件，单击"导入"按钮，在页面中单击导入图片，调整图片大小并拖曳到适当的位置，如图 10-284 所示。

（6）选择"透明度"工具，在图形上从右向左拖曳鼠标，为图形添加透明度效果。在属性栏中进行设置，如图 10-285 所示，按 Enter 键，效果如图 10-286 所示。

图 10-284　　　　　　　图 10-285　　　　　图 10-286

（7）选择"矩形"工具，在适当的位置绘制一个矩形，在"CMYK 调色板"中的"红"色块上单击鼠标，填充图形，并去除图形的轮廓线，效果如图 10-287 所示。选取并复制记事本文档中的文字"美容前沿"，选择"文本"工具，在红色矩形中单击插入光标，将复制的文字粘贴到矩形中，在属性栏中选择合适的字体并设置文字大小，填充文字为白色，效果如图 10-288 所示。

图 10-287　　　　　　　图 10-288

10.4.2 绘制雪花

（1）选择"艺术笔"工具 ，在属性栏中进行设置，如图 10-289 所示，在页面空白处绘制雪花，效果如图 10-290 所示。按 Ctrl+K 组合键，将图形拆分，按 Ctrl+U 组合键，取消图形的编组，效果如图 10-291 所示，选择"选择"工具 ，选中不需要的雪花和线条，按 Delete 键，将其删除，效果如图 10-292 所示。

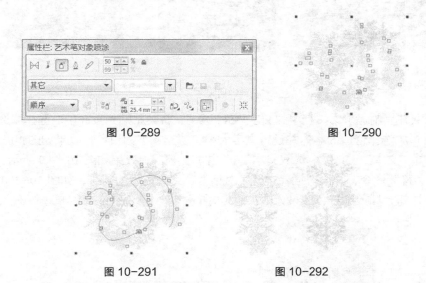

图 10-289　　　　　　　　　　　　　　图 10-290

图 10-291　　　　　　　图 10-292

（2）选择"选择"工具 ，分别拖曳雪花到页面适当的位置，复制需要的图形并调整大小和颜色，效果如图 10-293 所示。

（3）按 Ctrl+I 组合键，弹出"导入"对话框，选择光盘中的 Ch10 > 素材 > 化妆品栏目 > 03、04、05"文件，单击"导入"按钮，在页面中分别单击导入图片，并分别调整图片大小和位置，效果如图 10-294 所示。

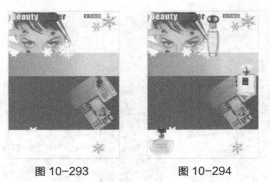

图 10-293　　　　　　　图 10-294

10.4.3 添加文字

（1）选取并复制记事本文档中的文字"新春化新妆"，将其粘贴到页面中蓝色矩形上。选择"选择"工具 ，在属性栏中选择合适的字体并设置文字大小，选择"形状"工具 ，向左拖曳文字下方的 图标，适当调整字间距，效果如图 10-295 所示。

（2）选择"选择"工具 ，按数字键盘上的+键，复制文字，在"CMYK 调色板"中的"白"色块上单击鼠标，填充文字，效果如图 10-296 所示，选择"选择"工具 ，向左拖曳到适当位置，效果如图 10-297 所示。

图 10-295　　　　　　　图 10-296　　　　　　　图 10-297

（3）选取并复制记事本文档中的文字"SHOW"，将其粘贴到页面中。选择"选择"工具，在属性栏中选择合适的字体并设置文字大小，填充文字为白色，效果如图 10-298 所示。

（4）选择"文本"工具，选取文字"O"并将其删除，效果如图 10-299 所示，选择"文本 > 插入字符"命令，弹出"插入字符"对话框，选择需要的字符，如图 10-300 所示，单击"插入"按钮，插入字符，效果如图 10-301 所示。

图 10-298　　　　　　　　　　图 10-299

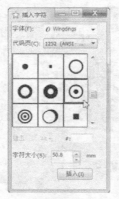

图 10-300　　　　　　　　图 10-301

（5）选择"文本"工具，选取字符，在"CMYK 调色板"中的"黄"色块上单击鼠标，填充字符，如图 10-302 所示，选择"形状"工具，向左拖曳文字下方的 ⊪ 图标，适当调整字间距。连续按 Ctrl+PageDown 组合键，后移文字，效果如图 10-303 所示。

图 10-302　　　　　　　　　　　　　　图 10-303

（6）选取并复制记事本文档中的文字"赋予你时尚的个性妆容"，将复制的文字粘贴到页面中。选择"选择"工具，在属性栏中选择合适的字体并设置文字大小，填充文字为白色，效果如图 10-304 所示。

（7）在文字"赋"的左侧插入光标，选择"文本 > 插入字符"命令，弹出"插入字符"对话框，选择需要的字符，如图 10-305 所示，单击"插入"按钮，插入字符，效果如图 10-306 所示。用相同的方法在文字的最右侧插入字符，如图 10-307 所示。

图 10-304　　　　　　　　　　　　图 10-305

图 10-306　　　　　　　　　　　　图 10-307

（8）选取并复制记事本文档中的第一段文字，选择"文本"工具，在页面拖曳一个文本框，将复制的文字粘贴到文本框中。选择"选择"工具，在属性栏中选择合适的字体并设置文字大小，效果如图 10-308 所示。在"文雅秀气法"的后面插入光标，按 Enter 键，将文字换行，再按 4 次空格键，文字效果如图 10-309 所示。

图 10-308　　　　　　　　　　　　图 10-309

（9）在文字"妖媚艳丽法"的前面插入光标，按两次 Enter 键，在文字"妖媚艳丽法"的后面插入光标，按 Enter 键，将文字换行，再按 4 次空格键，文字效果如图 10-310 所示。选择"文本 > 文本属性"命令，弹出"文本属性"面板，选项的设置如图 10-311 所示，文字效果如图 10-312 所示。

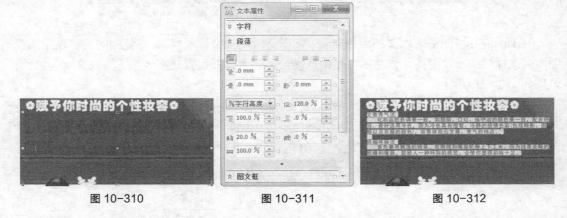

图 10-310　　　　　　　　　　图 10-311　　　　　　　　　　图 10-312

（10）选择"文本"工具 字，在文字"文雅秀气法"前方插入光标，如图 10-313 所示。选择"文本 > 插入字符"命令，弹出"插入字符"对话框，选择需要的字符，如图 10-314 所示，单击"插入"按钮，插入字符，效果如图 10-315 所示。

（11）用相同的方法对文字"妖媚艳丽法"进行编辑，效果如图 10-316 所示，选择"选择"工具 ，在"CMYK 调色板"中的"白"色块上单击鼠标，填充文字，效果如图 10-317 所示。

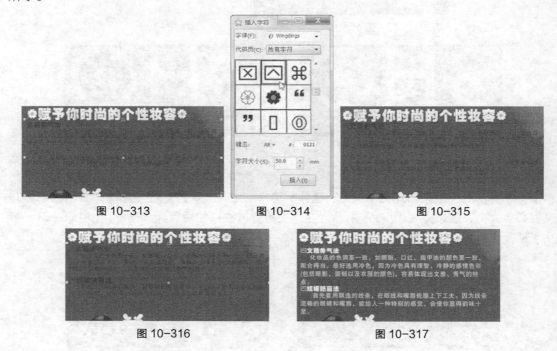

图 10-313　　　　　　　　　　图 10-314　　　　　　　　　　图 10-315

图 10-316　　　　　　　　　　　　　　　　图 10-317

（12）选取并复制记事本文档中的标题文字"懒女人的 3 分钟洁肤保养"，选择"文本"工具 字，在页面中空白处插入光标，将其粘贴到页面中并对文本进行换行，如图 10-318 所示，单击属性栏中的"将文本更改为垂直方向"按钮▥，更改文字方向，效果如图 10-319 所示，选择"选择"工具▯，在属性栏中选择合适的字体并设置文字大小，设置文字颜色的 CMYK 值为 40、100、0、0 填充文字，并将其拖曳到适当位置，效果如图 10-320 所示。

图 10-318　　　　　图 10-319　　　　　　　　图 10-320

（13）选取并复制记事本文档中的标题文字"懒女人的 3 分钟洁肤保养"的下段文字，在页面下方拖曳一个文字框，将复制的文字粘贴到文本框中。分别选取文字，在属性栏中选择合适的字体并设置文字大小，并对文字进行换行，在标题文字前分别插入适当的字符，在"CMYK 调色板"中的"70%黑"色块上单击鼠标，填充文字，效果如图 10-321 所示。

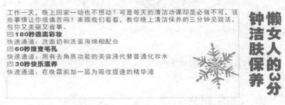

图 10-321

（14）选择"形状"工具▯，向下拖曳文字下方的图标，适当调整行距，效果如图 10-322 所示。选择"文本"工具▯，分别选取需要的文字，在"CMYK 调色板"中的"洋红"色块上单击鼠标，填充文字，效果如图 10-323 所示。

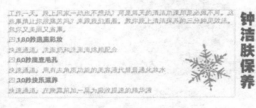

图 10-322　　　　　　　　　　　　　　　图 10-323

10.4.4　制作内置文本

（1）选择"椭圆形"工具○，按住 Ctrl 键的同时，在适当的位置拖曳光标绘制一个圆形，设置图形颜色的 CMYK 值为 40、100、0、0，填充图形，效果如图 10-324 所示。按 F12 键。弹出"轮廓笔"对话框，在"颜色"选项中设置轮廓线颜色的 CMYK 值为 0、0、0、10，其他选项的设置如图 10-325 所示，单击"确定"按钮，效果如图 10-326 所示。多次按 Ctrl+PageDown 组合键，将图形后移到适当的位置，效果如图 10-327 所示。

（2）选取并复制记事本文本档中的最后一段文字，选择"文本"工具▯，在页面中拖曳一个文本框，将其粘贴到文本框中，将文字换行并分别在属性栏中选择合适的字体并设置文字大小，文字效果如图 10-328 所示。

图 10-324　　　　　　　　　　　　图 10-325

图 10-326　　　　　　　图 10-327　　　　　　　图 10-328

（3）选择"文本"工具 字，将光标插入到文字"点燃香薰蜡烛"前方，按两次空格键，文字效果如图 10-329 所示。

（4）选择"选择"工具 ，用鼠标右键拖曳文本框到圆形上，当鼠标变为 图标，如图 10-330 所示，松开鼠标，在弹出的下拉列表中选择"内置文本"命令，如图 10-331 所示，文字被置入到图形中，效果如图 10-332 所示。

图 10-329　　　　　　　　　　　　图 10-330

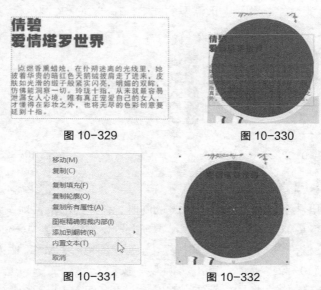

移动(M)
复制(C)
复制填充(F)
复制轮廓(O)
复制所有属性(A)
图框精确剪裁内部(I)
添加到翻转(R)
内置文本(T)
取消

图 10-331　　　　　　　　　　　　图 10-332

（5）选择"文本"工具 字，选取文字"倩碧爱情塔罗世界"，选择"文本 ＞ 文本属性"命令，弹出"文本属性"面板，选项的设置如图 10-333 所示，对文字进行居中对齐，文字效果如图 10-334 所示。选择"文本"工具 字，在文字"倩碧爱情塔罗世界"前方插入光标，按

Enter 键，对文字进行换行操作，效果如图 10-335 所示。

图 10-333

图 10-334

图 10-335

（6）选择"文本 > 插入字符"命令，弹出"插入字符"对话框，选择需要的字符，如图 10-336 所示，单击"插入"按钮，插入字符，效果如图 10-337 所示。使用相同的方法在文字另一边插入相同的字符，效果如图 10-338 所示。

图 10-336

图 10-337

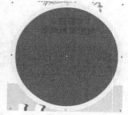
图 10-338

（7）选择"文本"工具 字，将光标插入到适当位置，如图 10-339 所示，按 Enter 键，将文字进行换行操作，效果如图 10-340 所示。选择"选择"工具 ，选择"文本 > 文本属性"命令，弹出"文本属性"面板，选项的设置如图 10-341 所示，文字效果如图 10-342 所示。填充文字为白色，如图 10-343 所示。

图 10-339

图 10-340

图 10-341

图 10-342

图 10-343

（8）选择"矩形"工具 □，绘制一个矩形，在页面中左下角绘制一个矩形。在"CMYK调色板"中的"红"色块上单击鼠标，填充图形，并去除图形的轮廓线，效果如图 10-344 所示。选取并复制记事本文档的文字"23"在页面中粘贴复制的文字并在属性栏中选择合适的字体并设置文字大小，填充文字为白色，效果如图 10-345 所示。

（9）化妆品栏目设计制作完成，效果如图 10-346 所示，按 Ctrl+S 组合键，弹出"保存图形"对话框，将制作好的图像命名为"化妆品栏目设计"，保存为 CDR 格式，单击"保存"按钮，将图像保存。

图 10-344

图 10-345

图 10-346

10.5　课后习题——数码栏目设计

【习题知识要点】在 CorelDRAW 中，使用矩形工具和阴影工具制作画框；使用图框精确剪裁命令编辑图片；使用矩形工具、转换为曲线命令和形状工具绘制图形；使用文本工具和文本属性命令添加并编辑介绍文字；使用内置文本命令将文本置入到圆形中。数码栏目设计的效果如图 10-347 所示。

【素材所在位置】光盘/Ch10/素材/数码栏目/01-08。

【效果所在位置】光盘/Ch10/效果/数码栏目.cdr。

图 10-347

PART 11

第 11 章
包装设计

本章介绍

　　包装代表着一个商品的品牌形象。好的包装可以让商品在同类产品中脱颖而出，吸引消费者的注意力并引发其购买行为。包装可以起到保护、美化商品以及传达商品信息的作用。好的包装更可以极大地提高商品的价值。本章以酒盒包装和口香糖包装设计为例，讲解包装的设计方法和制作技巧。

学习目标

- 在 Photoshop 软件中制作包装背景图和立体效果图。
- 在 CorelDRAW 软件中制作包装平面展开图。

技能目标

- 掌握"酒盒包装设计"的制作方法。
- 掌握"口香糖包装设计"的制作方法。

11.1 酒盒包装设计

【案例学习目标】学习在 Photoshop 中置入并编辑不同格式的图片；并添加描边线条制作包装背景图；使用编辑图片命令制作立体效果。在 CorelDRAW 中添加辅助线制作包装结构图并添加包装内容及相关信息。

【案例知识要点】在 Photoshop 中，使用色相/饱和度命令调整图片颜色，使用蒙版和图层的混合模式制作图片的融合效果，使用变换命令、蒙版和渐变工具制作包装投影。在 CorelDRAW 中，显示标尺并拖曳出辅助线制作包装结构线；使用矩形工具、形状工具和修整图形工具制作结构图；使用文字工具、渐变填充工具和轮廓笔工具添加文字和相关信息。

【效果所在位置】光盘/Ch11/效果/酒盒包装设计/酒盒包装.tif，如图 11-1 所示。

图 11-1

Photoshop 应用

11.1.1 绘制装饰图形

（1）按 Ctrl+N 组合键，新建一个文件：宽度为 40cm，高度为 25cm，分辨率为 300 像素/英寸，颜色模式为 RGB，背景内容为白色。选择"视图 > 新建参考线"命令，弹出"新建参考线"对话框，设置如图 11-2 所示，单击"确定"按钮，效果如图 11-3 所示。用相同的方法在 20cm 和 30cm 处新建两条垂直参考线，效果如图 11-4 所示。将前景色设置为淡绿色（其 R、G、B 的值分别为 234、244、242），按 Alt+Delete 组合键，用前景色填充"背景"图层。

图 11-2

图 11-3

图 11-4

（2）按 Ctrl+O 组合键，打开光盘中的"Ch11 > 素材 > 酒盒包装设计 > 01"文件，选择"移动"工具 ，将纹样图形拖曳到图像窗口中适当的位置，效果如图 11-5 所示，在"图层"控制面板中生成新的图形并将其命名为"龙纹"。在控制面板上方，将"龙纹"图层的混合模式选项设为"排除"，如图 11-6 所示，图像效果如图 11-7 所示。

图 11-5　　　　　　图 11-6　　　　　　　　图 11-7

（3）按住 Ctrl 键的同时，单击"龙纹"图层的图层缩览图，载入选区，如图 11-8 所示。单击"图层"控制面板下方的"创建新的填充或调整图层"按钮 ，在弹出的菜单中选择"色相/饱和度"命令，在"图层"控制面板中生成"色相/饱和度 1"图层，同时弹出"色相/饱和度"面板，选项的设置如图 11-9 所示，按 Enter 键确认操作。按 Ctrl+D 组合键，取消选区，效果如图 11-10 所示。

图 11-8　　　　　　图 11-9　　　　　　　　图 11-10

（4）按住 Shift 键的同时，选取"龙纹"和"色相/饱和度"图层，将其拖曳到控制面板下方的"创建新图层"按钮 上进行复制，生成新的副本图层，如图 11-11 所示。选择"移动"工具 ，在图像窗口中将副本图形水平向右拖曳到适当的位置，效果如图 11-12 所示。

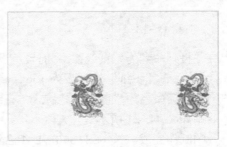

图 11-11　　　　　　　　　图 11-12

（5）按 Ctrl+O 组合键，打开光盘中的"Ch11 > 素材 > 酒盒包装设计 > 02"文件，选择"移动"工具 ，将图形拖曳到图像窗口中适当的位置，如图 11-13 所示，在"图层"控

制面板中生成新的图层并将其命名为"山"。在控制面板上方，将"山"图层的混合模式选项设为"排除"，"不透明度"选项设为 20%，如图 11-14 所示，图像效果如图 11-15 所示。

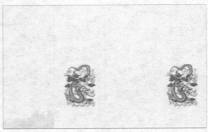

图 11-13   图 11-14   图 11-15

（6）将"山"图层拖曳到控制面板下方的"创建新图层"按钮 上进行复制，生成新的副本图层，如图 11-16 所示。选择"移动"工具 ，在图像窗口中将副本图形水平向右拖曳到适当的位置，效果如图 11-17 所示。按 Ctrl+T 组合键，图形周围出现控制手柄，单击鼠标右键，在弹出的菜单中选择"水平翻转"命令，水平翻转复制的图形，效果如图 11-18 所示。用相同的方法再复制两个山图形，效果如图 11-19 所示。

图 11-16   图 11-17

图 11-18   图 11-19

（7）新建图层并将其命名为"直线"。将前景色设为白色。选将属性栏中的"选择工具模式"选项设为"像素"，将"粗细"选项设为 10px，绘制一条直线，效果如图 11-20 所示。

（8）新建图层并将其命名为"直线 2"。选择"直线"工具 ，将"粗细"选项设为 5px，绘制一条直线，效果如图 11-21 所示。

（9）酒盒背景图制作完成。按 Ctrl+Shift+E 组合键，合并可见图层。按 Ctrl+S 组合键，弹出"存储为"对话框，将制作好的图像命名为"酒盒包装背景图"，保存为 TIFF 格式，单击"保存"按钮，弹出"TIFF 选项"对话框，单击"确定"按钮，将图像保存。

图 11-20

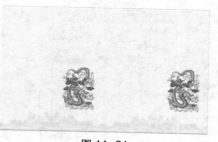

图 11-21

CorelDRAW 应用

11.1.2 绘制包装平面展开结构图

（1）打开 CorelDRAW X6 软件，按 Ctrl+N 组合键，新建一个页面。在属性栏的"页面度量"选项中分别设置宽度为 425mm，高度为 450mm，如图 11-22 所示，按 Enter 键，页面显示尺寸为设置的大小，如图 11-23 所示。

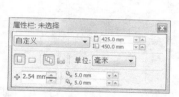

图 11-22

图 11-23

（2）按 Ctrl+J 组合键，弹出"选项"对话框，选择"辅助线/水平"选项，在文字框中设置数值为 27，如图 11-24 所示，单击"添加"按钮，在页面中添加一条水平辅助线。再分别添加 81mm、331mm、430mm 处的水平辅助线，单击"确定"按钮，效果如图 11-25 所示。

图 11-24

图 11-25

（3）按 Ctrl+J 组合键，弹出"选项"对话框，选择"辅助线/垂直"选项，在文字框中设置数值为 25，如图 11-26 所示，单击"添加"按钮，在页面中添加一条垂直辅助线。再分别添加 125mm、225 mm、325mm 处的垂直辅助线，单击"确定"按钮，效果如图 11-27 所示。选择"矩形"工具 □，在页面中绘制一个矩形，效果如图 11-28 所示。

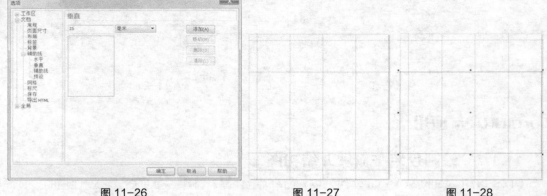

图 11-26   图 11-27   图 11-28

（4）按 Ctrl+Q 组合键，将矩形转换为曲线。选择"形状"工具 ，在适当的位置用鼠标双击添加节点，如图 11-29 所示。选取需要的节点并拖曳到适当的位置，松开鼠标左键，如图 11-30 所示。用相同的方法制作出如图 11-31 所示的效果。

图 11-29   图 11-30   图 11-31

11.1.3　绘制包装顶面结构图

（1）选择"矩形"工具 □，在页面中绘制一个矩形，在属性栏中进行设置，如图 11-32 所示，按 Enter 键，圆角矩形的效果如图 11-33 所示。

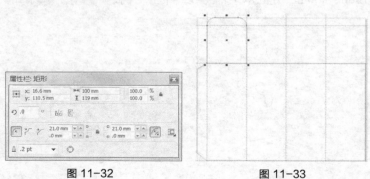

图 11-32   图 11-33

（2）选择"矩形"工具 □，在页面中绘制一个矩形，在属性栏中进行设置，如图 11-34 所示，按 Enter 键，圆角矩形的效果如图 11-35 所示。

（3）按 Ctrl+Q 组合键，将图形转换为曲线。选择"形状"工具 ，在适当的位置用鼠标双击添加节点，如图 11-36 所示。选取需要的节点并拖曳到适当的位置，松开鼠标左键，如

图 11-37 所示。用相同的方法制作出如图 11-38 所示的效果。

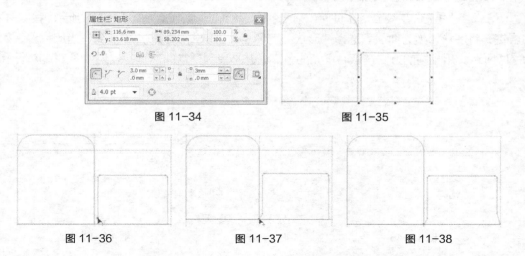

图 11-34

图 11-35

图 11-36

图 11-37

图 11-38

（4）选择"矩形"工具 □，在页面中绘制一个矩形，在属性栏中进行设置，如图 11-39 所示，按 Enter 键，效果如图 11-40 所示。

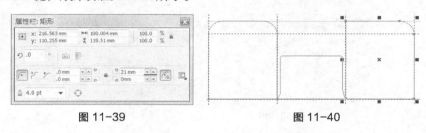

图 11-39

图 11-40

（5）选择"矩形"工具 □，在页面中绘制一个矩形，在属性栏中进行设置，如图 11-41 所示，按 Enter 键确认，圆角矩形的效果如图 11-42 所示。

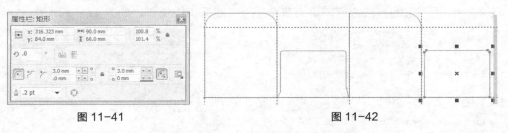

图 11-41

图 11-42

（6）按 Ctrl+Q 组合键，将图形转换为曲线。选择"形状"工具 ，在适当的位置双击鼠标添加节点，如图 11-43 所示。选取需要的节点并拖曳到适当的位置，松开鼠标左键，如图 11-44 所示。用相同的方法制作出如图 11-45 所示的效果。

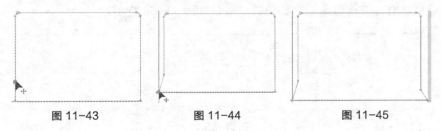

图 11-43

图 11-44

图 11-45

11.1.4 绘制包装底面结构图

（1）选择"矩形"工具 □，在页面中适当的位置绘制一个矩形，如图 11-46 所示。按 Ctrl+Q 组合键，将图形转换为曲线。选择"形状"工具 ，选取需要的节点拖曳到适当的位置，如图 11-47 所示。用相同的方法选取右下角的节点，并拖曳到适当的位置，效果如图 11-48 所示。

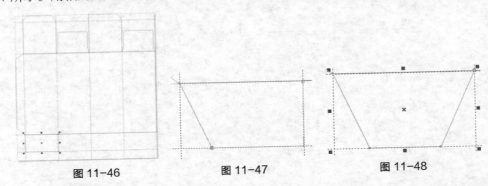

图 11-46　　　　　　　　　　图 11-47　　　　　　　　　　图 11-48

（2）选择"矩形"工具 □，在页面中绘制一个矩形，在属性栏中进行设置，如图 11-49 所示，按 Enter 键，圆角矩形的效果如图 11-50 所示。

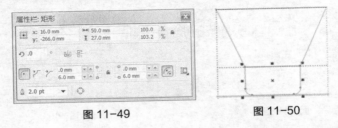

图 11-49　　　　　　　　　　图 11-50

（3）选择"矩形"工具 □，在页面中绘制一个矩形，在属性栏中进行设置，如图 11-51 所示，按 Enter 键，效果如图 11-52 所示。按 Ctrl+Q 组合键，将图形转换为曲线。选择"形状"工具 ，用圈选的方法选取需要的节点并拖曳到适当的位置，如图 11-53 所示。

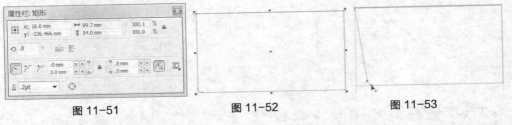

图 11-51　　　　　　　　　　图 11-52　　　　　　　　　　图 11-53

（4）在适当的位置双击鼠标添加节点，如图 11-54 所示，拖曳到适当的位置，如图 11-55 所示。单击属性栏中的"转换为曲线"按钮 ，将直线转换为曲线，再单击"平滑节点"按钮 ，使节点平滑，并拖曳到适当的位置，效果如图 11-56 所示。

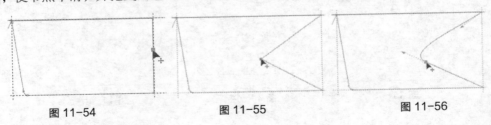

图 11-54　　　　　　　　　　图 11-55　　　　　　　　　　图 11-56

（5）再次选取需要的节点，拖曳到适当的位置，如图 11-57 所示。单击属性栏中的"转换为曲线"按钮 🛋，将直线转换为曲线，再单击"平滑节点"按钮 🛋，使节点平滑，效果如图 11-58 所示。

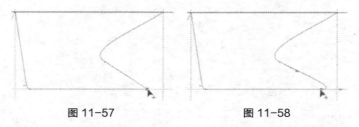

图 11-57   图 11-58

（6）选择"矩形"工具 🔲，在页面中绘制一个矩形，在属性栏中进行设置，如图 11-59 所示。按 Enter 键，圆角矩形的效果如图 11-60 所示。

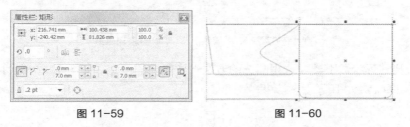

图 11-59   图 11-60

（7）选择"矩形"工具 🔲，在适当的位置绘制一个矩形，如图 11-61 所示。选择"选择"工具 ▤，用圈选的方法将两个图形同时选取，单击属性栏中的"移除前面对象"按钮 🔲，将两个图形剪切为一个图形，效果如图 11-62 所示。

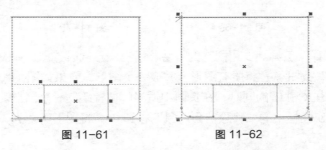

图 11-61   图 11-62

（8）选择"矩形"工具 🔲，在页面中绘制一个矩形，在属性栏中进行设置，如图 11-63 所示，按 Enter 键，圆角矩形的效果如图 11-64 所示。

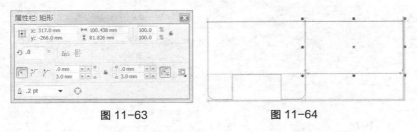

图 11-63   图 11-64

（9）按 Ctrl+Q 组合键，将图形转换为曲线。选择"形状"工具 ▤，用圈选的方法选取需要的节点，并拖曳到适当的位置，如图 11-65 所示。在适当的位置双击鼠标添加节点，如图 11-66 所示，拖曳到适当的位置，松开鼠标左键，效果如图 11-67 所示。单击属性栏中的"转换为曲线"按钮，将直线转换为曲线，再单击"平滑节点"按钮，使节点平滑，效果如图11-68所示。

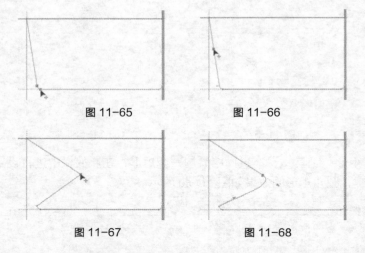

图11-65　　　　　　　　　图11-66

图11-67　　　　　　　　　图11-68

（10）选择"形状"工具，用圈选的方法选取需要的节点，如图11-69所示，拖曳到适当的位置，如图11-70所示。

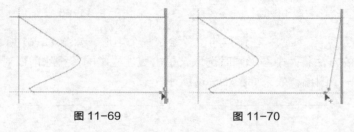

图11-69　　　　　　　　　图11-70

（11）选择"选择"工具，用圈选的方法将所有图形同时选取，如图11-71所示。单击属性栏中的"合并"按钮，将所有图形合并成一个图形，效果如图11-72所示。选择"椭圆形"工具，按住Ctrl键的同时，在页面中适当的位置绘制一个圆形。将圆形和合并的图形同时选取，单击属性栏中的"移除前面对象"按钮，将图形剪切为一个图形，效果如图11-73所示。

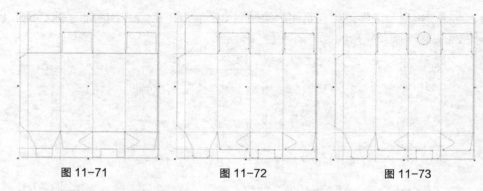

图11-71　　　　　　　图11-72　　　　　　　图11-73

11.1.5　制作包装顶面效果

（1）选择"矩形"工具，绘制一个矩形，设置矩形颜色的CMYK值为10、0、6、0，填充矩形，并去除矩形的轮廓线，效果如图 11-74 所示。

（2）选择"文件 > 导入"命令，弹出"导入"对话框。选择光盘中的"Ch11 > 素材 > 酒盒包装设计 > 01"文件，单击"导入"按钮，在页面中单击导入图片，调整其大小并拖曳到适当的位置，如图 11-75 所示。

图 11-74 图 11-75

（3）选择"透明度"工具 ，在属性栏中进行设置，如图 11-76 所示，按 Enter 键，效果如图 11-77 所示。

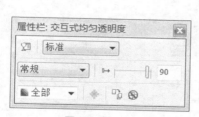

图 11-76 图 11-77

（4）选择"文本"工具 ，分别输入需要的文字。选择"选择"工具 ，在属性栏中分别选择合适的字体并设置文字大小，效果如图 11-78 所示。

（5）选择"选择"工具 ，用圈选的方法将文字同时选取。按 Ctrl+Q 组合键，将文字转换为曲线。单击属性栏中的"合并"按钮 ，将文字合并，效果如图 11-79 所示。

（6）选择"渐变填充"工具 ，弹出"渐变填充"对话框。选择"双色"选项，将"从"选项颜色的 CMYK 值设置为 0、20、20、0，"到"选项颜色的 CMYK 值设置为 0、0、20、0，其他选项的设置如图 11-80 所示。单击"确定"按钮，填充文字，效果如图 11-81 所示。

图 11-78 图 11-79

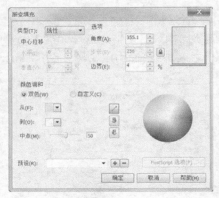

图 11-80   图 11-81

（7）按 F12 键，弹出"轮廓笔"对话框，在"颜色"选项中设置轮廓线颜色的 CMYK 值为 0、20、40、80，其他选项的设置如图 11-82 所示，单击"确定"按钮，效果如图 11-83 所示。

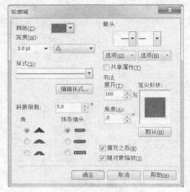

图 11-82   图 11-83

（8）选择"矩形"工具 □，绘制一个矩形，设置图形颜色的 CMYK 值为 100、93、50、9，填充图形，并去除图形的轮廓线，效果如图 11-84 所示。在属性栏中的"旋转角度" 框中设置数值为 45，按 Enter 键，效果如图 11-85 所示。

图 11-84   图 11-85

（9）选择"选择"工具 ，按住 Ctrl 键的同时，水平向右拖曳图形并在适当的位置单击鼠标右键，复制一个新的图形，效果如图 11-86 所示。按住 Ctrl 键，再按 D 键，再复制出一个图形，效果如图 11-87 所示。

图 11-86

图 11-87

（10）选择"文本"工具 字，输入需要的文字。选择"选择"工具 ，在属性栏中选择合适的字体并设置文字大小，效果如图 11-88 所示。选择"形状"工具 ，向右拖曳文字下方的 图标到适当的位置，调整文字的字距，效果如图 11-89 所示。

图 11-88

图 11-89

（11）选择"渐变填充"工具 ，弹出"渐变填充"对话框。选择"双色"单选项，将"从"选项颜色的 CMYK 值设置为 0、20、20、0，"到"选项颜色的 CMYK 值设置为 0、0、20、0，其他选项的设置如图 11-90 所示。单击"确定"按钮，填充文字，效果如图 11-91 所示。

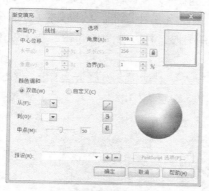

图 11-90

图 11-91

11.1.6 制作包装正面效果

（1）选择"文件 > 导入"命令，弹出"导入"对话框。选择光盘中的"Ch11 > 效果 > 酒盒包装设计 > 酒盒包装背景图"文件，单击"导入"按钮，在页面中单击导入图片，并将其拖曳到适当的位置，如图 11-92 所示。

（2）选择"矩形"工具 ，绘制一个矩形。设置图形颜色的 CMYK 值为 100、93、50、9，填充图形，并去除图形的轮廓线，效果如图 11-93 所示。

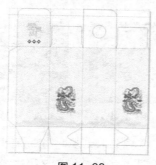

图 11-92

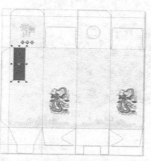

图 11-93

（3）选择"矩形"工具 □，按住 Ctrl 键的同时，拖曳鼠标绘制一个正方形。按 F12 键，弹出"轮廓笔"对话框，在"颜色"选项中设置轮廓线颜色的 CMYK 值为 0、20、40、40，其他选项的设置如图 11-94 所示，单击"确定"按钮，效果如图 11-95 所示。

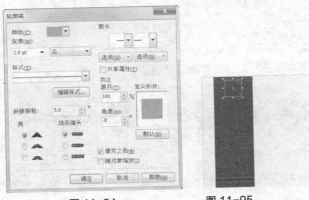

图 11-94　　　　　　　　　图 11-95

（4）选择"选择"工具 ▶，按数字键盘上的+键，复制图形。按住 Shift 键的同时，向中心拖曳图形右上方的控制手柄到适当的位置，等比例缩小图形，效果如图 11-96 所示。设置图形颜色的 CMYK 值为 0、20、40、40，填充图形，并去除图形的轮廓线，效果如图 11-97 所示。

（5）选择"文件 > 导入"命令，弹出"导入"对话框。选择光盘中的"Ch11 > 素材 > 酒盒包装设计 > 03"文件，单击"导入"按钮，在页面中单击导入图片，调整其大小并拖曳到适当的位置，效果如图 11-98 所示。

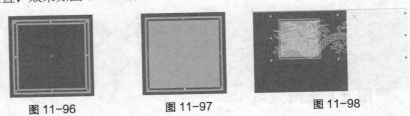

图 11-96　　　　　　　　图 11-97　　　　　　　　图 11-98

（6）选择"效果 > 图框精确剪裁 > 放置在容器中"命令，鼠标的光标变为黑色箭头形状，在矩形图形上单击，如图 11-99 所示。将图形置入矩形中，效果如图 11-100 所示。

（7）选择"文件 > 导入"命令，弹出"导入"对话框。选择光盘中的"Ch11 > 素材 > 酒盒包装设计 > 04"文件，单击"导入"按钮，在页面中单击导入图片，调整其大小并拖曳到适当的位置，效果如图 11-101 所示。

图 11-99　　　　　　图 11-100　　　　　　图 11-101

（8）选择"文本"工具 ，在属性栏中单击"将文本更改为垂直方向"按钮 ，输入需要的文字，选择"选择"工具 ▶，在属性栏中选择合适的字体并设置文字大小，效果如图 11-102

所示。选择"形状"工具 ，向上拖曳文字下方的 图标到适当的位置，调整文字的字距，效果如图11-103所示。

（9）选择"渐变填充"工具 ，弹出"渐变填充"对话框。选择"双色"单选项，将"从"选项颜色的CMYK值设置为0、20、20、0，"到"选项颜色的CMYK值设置为0、0、20、0，其他选项的设置如图11-104所示。单击"确定"按钮，填充文字，效果如图11-105所示。

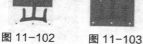

图 11-102　图 11-103

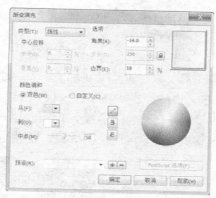

图 11-104

图 11-105

（10）选择"矩形"工具 ，绘制一个矩形。在属性栏中的"轮廓宽度" 框中设置数值为1pt，效果如图11-106所示。

（11）选择"文本"工具 ，输入需要的文字，选择"选择"工具 ，在属性栏中选择合适的字体并设置文字大小，效果如图11-107所示。选择"文本 > 文本属性"命令，弹出"文本属性"面板，选项的设置如图11-108所示，按Enter键，效果如图11-109所示。

图 11-106

图 11-107

图 11-108

图 11-109

（12）选择"文本"工具 ，分别输入需要的文字，选择"选择"工具 ，在属性栏中分别选择合适的字体并设置文字大小，效果如图11-110所示。

（13）选择"矩形"工具 ，绘制一个矩形，填充为黑色，并去除图形的轮廓线，效果如图11-111所示。选择"选择"工具 ，按数字键盘上的+键，复制图形，水平向下拖曳矩形到适当的位置，效果如图11-112所示。

图 11-110　　图 11-111　　图 11-112

（14）选择"星形"工具 ，在属性栏中进行设置，如图 11-113 所示。绘制一个星形，填充为黑色，并去除图形的轮廓线，效果如图 11-114 所示。选择"选择"工具 ，按住 Ctrl 键的同时，垂直向下拖曳星形并在适当的位置上单击鼠标右键，复制一个新的星形，效果如图 11-115 所示。按住 Ctrl 键的同时，再连续按 D 键，复制出多个星形，效果如图 11-116 所示。

图 11-113　　　　　　图 11-114　　　图 11-115　　　图 11-116

（15）选择"文件 > 导入"命令，弹出"导入"对话框。选择光盘中的"Ch11 > 素材 > 酒盒包装设计 > 05"文件，单击"导入"按钮，在页面中单击导入图片，调整其大小并拖曳到适当的位置，效果如图 11-117 所示。

（16）选择"文本"工具 ，分别输入需要的文字，选择"选择"工具 ，在属性栏中分别选择合适的字体并设置文字大小，效果如图 11-118 所示。设置文字颜色的 CMYK 值为 0、20、40、40，填充文字，效果如图 11-119 所示。

图 11-117　　　　　图 11-118　　　　　图 11-119

（17）选择"文本"工具 ，分别输入需要的文字，选择"选择"工具 ，在属性栏中分别选择合适的字体并设置文字大小，效果如图 11-120 所示。选择"手绘"工具 ，按住 Ctrl 键的同时，绘制一条直线。在属性栏中的"轮廓宽度" 框中设置数值为 0.7pt，效果如图 11-121 所示。

图 11-120   图 11-121

11.1.7　制作包装侧立面效果

（1）选择"矩形"工具▢，在适当的位置绘制一个矩形，如图 11-122 所示，设置图形颜色的 CMYK 值为 0、0、20、0，填充矩形，并去除图形的轮廓线，效果如图 11-123 所示。

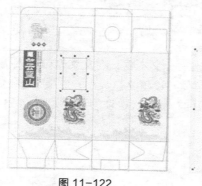

图 11-122   图 11-123

（2）选择"矩形"工具▢，在适当的位置绘制一个矩形，如图 11-124 所示。选择"选择"工具▧，按住 Shift 键的同时，将两个矩形同时选取，单击属性栏中的"移除前面对象"按钮⬚，将两个图形剪切为一个图形，效果如图 11-125 所示。用相同的方法制作出其他 3 个角的形状，效果如图 11-126 所示。

（3）选择"选择"工具▧，按住 Shift 键的同时，向内拖曳图形右上角的控制手柄到适当的位置单击鼠标右键，复制图形。去除图形填充颜色，并设置轮廓线颜色的 CMYK 值为 100、93、50、9，填充图形轮廓线。在属性栏中的"轮廓宽度" `.2 mm` 框中设置数值为 2pt，效果如图 11-127 所示。

图 11-124   图 11-125   图 11-126   图 11-127

（4）选择"贝塞尔"工具▨，在适当的位置绘制一个图形，如图 11-128 所示。设置轮廓线颜色的 CMYK 值为 0、0、20、0，填充图形轮廓线，并在属性栏中的"轮廓宽度" `.2 mm`

框中设置数值为 3pt，效果如图 11-129 所示。选择"选择"工具，按住 Ctrl 键的同时，水平向右拖曳图形并在适当的位置上单击鼠标右键，复制一个图形，如图 11-130 所示。单击属性栏中的"水平镜像"按钮，水平翻转复制的图形，效果如图 11-131 所示。

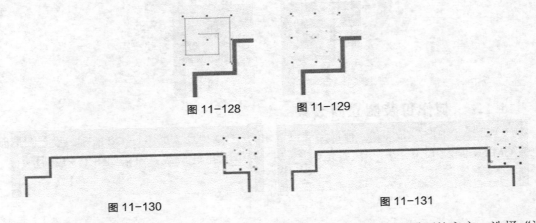

图 11-128　　　　　图 11-129

图 11-130　　　　　　　　　　图 11-131

（5）选择"文本"工具，拖曳出一个文本框，在文本框中输入需要的文字。选择"选择"工具，在属性栏中选择合适的字体并设置文字大小，效果如图 11-132 所示。选择"文本 > 文本属性"命令，弹出"文本属性"面板，选项的设置如图 11-133 所示，按 Enter 键，效果如图 11-134 所示。

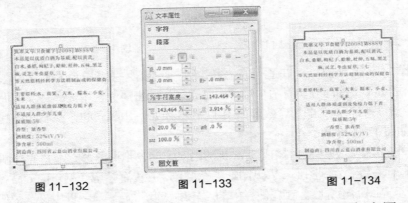

图 11-132　　　　　　　图 11-133　　　　　　　图 11-134

（6）选择"选择"工具，用圈选的方法选取顶面图形中需要的图形，如图 11-135 所示。按数字键盘上的+键，复制图形并将其拖曳到适当的位置，如图 11-136 所示。

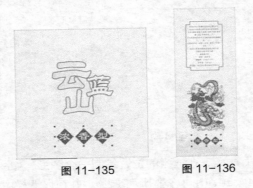

图 11-135　　　　图 11-136

（7）选择"选择"工具 [icon]，按住 Shift 键的同时，选中文字下方的图形。设置图形颜色的 CMYK 值为 0、0、40、0，填充图形，效果如图 11-137 所示。选择文字"浓香型"，填充为黑色，效果如图 11-138 所示。

图 11-137   图 11-138

（8）选择"手绘"工具 [icon]，按住 Ctrl 键的同时，绘制一条直线，设置直线轮廓色的 CMYK 值为 0、0、40、0，填充直线。在属性栏中的"轮廓宽度" 细线 框中设置数值为 2pt，按 Enter 键，效果如图 11-139 所示。选择"选择"工具 [icon]，按数字键盘上的+键，复制直线，并垂直向下拖曳到适当的位置，效果如图 11-140 所示。

（9）选择"文本"工具 [icon]，输入需要的文字。选择"选择"工具 [icon]，在属性栏中选择合适的字体并设置文字大小，效果如图 11-141 所示。

图 11-139   图 11-140   图 11-141

（10）选择"选择"工具 [icon]，用圈选的方法将制作好的正面和背面图形同时选取，按数字键盘上的+键，复制图形并将其拖曳到适当的位置，如图 11-142 所示。按 Esc 键取消选取状态，酒盒包装展开图绘制完成，效果如图 11-143 所示。按 Ctrl+E 组合键，弹出"导出"对话框，将制作好的图像命名为"酒盒包装展开图"，保存为 PSD 格式，单击"导出"按钮，弹出"转换为位图"对话框，单击"确定"按钮，导出为 PSD 格式。

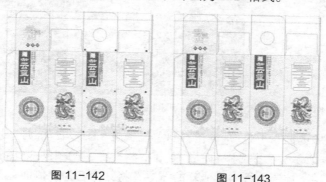

图 11-142   图 11-143

Photoshop 应用

11.1.8 制作包装立体效果

（1）打开 Photoshop CS6 软件，按 Ctrl+N 组合键，新建一个文件：宽度为 10cm，高度为 10.5cm，分辨率为 300 像素/英寸，颜色模式为 RGB，背景内容为白色。

（2）选择"渐变"工具 [icon]，单击属性栏中的"点按可编辑渐变"按钮 [渐变条]，弹出

"渐变编辑器"对话框,将渐变色设为由白色到黑色,如图 11-144 所示,单击"确定"按钮。在属性栏中单击"径向渐变"按钮⬜,在图像窗口中由右上方至左下方拖曳渐变色,效果如图 11-145 所示。

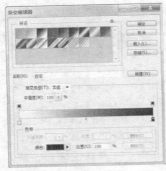

图 11-144

图 11-145

(3)按 Ctrl+O 组合键,打开光盘中的"Ch11 > 效果 > 酒盒包装设计 > 酒盒包装展开图"文件,按 Ctrl+R 组合键,图像窗口中出现标尺。选择"移动"工具➤+,从图像窗口的水平标尺和垂直标尺中拖曳出需要的参考线。选择"矩形选框"工具▣,在图像窗口中绘制出需要的选区,如图 11-146 所示。

(4)选择"移动"工具➤+,将选区中的图像拖曳到新建文件窗口中适当的位置,在"图层"控制面板中生成新的图层并将其命名为"正面"。按 Ctrl+T 组合键,图像周围出现控制手柄,拖曳控制手柄来改变图像的大小,如图 11-147 所示,按住 Ctrl 键的同时,向上拖曳右侧中间的控制手柄到适当的位置,按 Enter 键确认操作,效果如图 11-148 所示。

图 11-146

图 11-147

图 11-148

(5)选择"矩形选框"工具▣,在"酒盒包装展开图"的背面拖曳鼠标绘制一个矩形选区,如图 11-149 所示。选择"移动"工具➤+,将选区中的图像拖曳到新建文件窗口中适当的位置,在"图层"控制面板中生成新的图层并将其命名为"侧面"。按 Ctrl+T 组合键,图像周围出现控制手柄,拖曳控制手柄来改变图像的大小,如图 11-150 所示,按住 Ctrl 键的同时,向上拖曳左侧中间的控制手柄到适当的位置,按 Enter 键,效果如图 11-151 所示。

(6)选择"矩形选框"工具▣,在"酒盒包装展开图"的顶面拖曳鼠标绘制一个矩形选区,如图 11-152 所示。选择"移动"工具➤+,将选区中的图像拖曳到新建文件窗口中的适当位置,在"图层"控制面板中生成新的图层并将其命名为"盒顶"。按 Ctrl+T 组合键,图像周围出现控制手柄,拖曳控制手柄来改变图像的大小,如图 11-153 所示,按住 Ctrl 键的同时,分别拖曳控制手柄到适当的位置,按 Enter 键确认操作,效果如图 11-154 所示。

图 11-149

图 11-150

图 11-151

图 11-152

图 11-153

图 11-154

11.1.9 制作立体效果倒影

（1）将"正面"图层拖曳到控制面板下方的"创建新图层"按钮 回 上进行复制，生成新的图层"正面 副本"，选择"移动"工具 ，将副本图像拖曳到适当的位置，如图 11-155 所示。按 Ctrl+T 组合键，图像周围出现控制手柄，单击鼠标右键，在弹出的菜单中选择"垂直翻转"命令，垂直翻转图像并拖曳到适当的位置，如图 11-156 所示。按住 Ctrl 键的同时，拖曳右侧中间的控制手柄到适当的位置，效果如图 11-157 所示。

图 11-155

图 11-156

图 11-157

（2）单击"图层"控制面板下方的"添加图层蒙版"按钮 ，为"正面 副本"图层添加蒙版。选择"渐变"工具 ，单击属性栏中的"点按可编辑渐变"按钮 ，弹出"渐变编辑器"对话框，将渐变色设为由白色到黑色，单击"确定"按钮。在属性栏中选择"线性渐变"按钮 ，在图像中由上至下拖曳渐变色，效果如图 11-158 所示。

（3）在"图层"控制面板上方，将"正面 副本"图层的"不透明度"选项设为 30%，如图 11-159 所示，图像效果如图 11-160 所示。用相同的方法制作出侧面图像的投影效果，如图 11-161 所示。

图 11-158

图 11-159

图 11-160

图 11-161

（4）选中"盒项"图层，按住 Shift 键的同时，选中"正面"图层，按 Ctrl+G 组合键，生成图层组并将其命名为"酒包装"，如图 11-162 所示。选择"移动"工具，按住 Alt 键的同时，将酒包装拖曳到适当的位置，复制图像，效果如图 11-163 所示。

图 11-162

图 11-163

（5）酒盒包装制作完成。选择"图像 > 模式 > CMYK 颜色"命令，弹出提示对话框，单击"拼合"按钮，拼合图像。按 Ctrl+S 组合键，弹出"存储为"对话框，将制作好的图像命名为"酒盒包装立体图"，保存为 TIFF 格式，单击"保存"按钮，弹出"TIFF 选项"对话框，单击"确定"按钮，将图像保存。

11.2　课后习题——口香糖包装设计

【习题知识要点】在 CorelDRAW 中，使用渐变填充工具、多边形工具和扭曲工具制作背景效果，使用椭圆形工具、贝塞尔工具和文本工具制作产品标志，使用文本工具、贝塞尔工具、基本形状工具和浮雕命令制作产品宣传语和水珠效果，使用椭圆形工具、矩形工具和扭曲工具制作口香糖，使用文本工具添加产品内容文字，使用文本工具、手绘工具和条码命令制作背面效果。在 Photoshop 中，使用渐变工具、矩形选框工具、钢笔工具和图层样式命令制作立体效果。口香糖包装效果如图 11-164 所示。

【效果所在位置】光盘/Ch11/效果/口香糖包装设计/口香糖包装.tif。

图 11-164